Wissenschaftliche Taschenbücher WTB

Mathematik · Physik

Volker Nollau

Semi-Markovsche Prozesse

Akademie-Verlag · Berlin

WTB Wissenschaftliche Taschenbücher

Eine Auswahl lieferbarer Bände:

HEINRICH ARNOLD
Physikalische Chemie der Halbleiter

JOACHIM AUTH / DIETMAR GENZOW
KLAUS H. HERRMANN
Photoelektrische Erscheinungen

HANS BANDEMER
ANDREAS BELLMANN
WOLFHARDT JUNG / KLAUS RICHTER
Optimale Versuchsplanung

FRANK BEICHELT
Prophylaktische Erneuerung von Systemen

WOLFRAM BRAUER
HANS-WALDEMAR STREITWOLF
Theoretische Grundlagen der Halbleiterphysik

SIEGFRIED BREHMER
Einführung in die Maßtheorie

SIEGFRIED BREHMER
Hilbert-Räume und Spektralmaße

JOHN CUNNINGHAM
Vektoren

GEORG DAUTCOURT
Relativistische Astrophysik

K. CH. DELOKAROV
Relativitätstheorie und Materialismus

WERNER DÜCK
Diskrete Optimierung

HANNELORE FISCHER
JOACHIM PIEHLER
Modellsysteme der Operationsforschung

GOTTFRIED FRITZSCHE
Grundlagen und Entwurf passiver Analogzweipole
Netzwerke I

Entwurf passiver Analogvierpole
Netzwerke II

Entwurf aktiver Analogvierpole
Netzwerke III

HERBERT GOERING
Asymptotische Methoden zur Lösung von Differentialgleichungen

HERBERT GOERING
Elementare Methoden zur Lösung von Differentialgleichungsproblemen

EDUARD HERLT / NIKOLAUS SALIÉ
Spezielle Relativitätstheorie

HELMUT HESS
Der elektrische Durchschlag in Gasen

V. I. KARPMAN
Nichtlineare Wellen in dispersiben Medien

ULRICH KAUSMANN
KLAUS LOMMATZSCH
FRANTIŠEK NOŽIČKA
Lineare parametrische Optimierung

A. R. KESSEL
Akustische Kernresonanz

KONRAD KREHER
Festkörperphysik

DIETER KRESS
Theoretische Grundlagen der Signal- und Informationsübertragung

DIETER LEUSCHNER
Grundbegriffe der Thermodynamik

W. S. Letochow
Laserspektroskopie

Dierck-Ekkehard Liebscher
Relativitätstheorie mit Zirkel und Lineal

Wolfgang Meiling
Digitalrechner in der elektronischen Meßtechnik
Teil 1: Meßmethodik
Teil 2: Gerätetechnik und Anwendungen

L. I. Miroschnitschenko
Kosmische Strahlung im interplanetaren Raum

Peter Paufler
Gustav E. R. Schulze
Physikalische Grundlagen mechanischer Festkörpereigenschaften
Teil I und II

Ulrich Röseberg
Quantenmechanik und Philosophie

Albrecht Rost
Messung dielektrischer Stoffeigenschaften

J. V. Sačkov
Wahrscheinlichkeit und Struktur

E. M. Sawizki
Perspektiven der Metallforschung

Wolfgang Schäfer
Theoretische Grundlagen der Stabilität technischer Systeme

Ernst Schmutzer
Symmetrien und Erhaltungssätze der Physik

Volkmar Schuricht
Kernexplosionen für friedliche Zwecke

Norbert Sieber
Hans-Peter Leidhold
Einführung in die Datenverarbeitung

Festkörperphysik
Entwicklungstendenzen und Anwendungsmöglichkeiten

Die Schöpfer der physikalischen Optik
Eine Artikelsammlung

Hans-Georg Schöpf
Von Kirchhoff bis Planck

Horst Melcher
Albert Einstein wider Vorurteile und Denkgewohnheiten

Renate Wahsner
Mensch und Kosmos
Die copernicanische Wende

Helmut Friemel / Josef Brock
Grundlagen der Immunologie

Eberhard Hofmann
Funktionelle Biochemie des Menschen
Band 1 und 2

Lothar Jäger
Grundlagen der Klinischen Immunologie

Karlheinz Lohs
Dieter Martinetz
Entgiftung
Mittel, Methoden und Probleme

Joachim Nitschmann
Entwicklung bei Mensch und Tier

Stephan Schnitzler
Pharmakologische Aspekte von Immunreaktionen

Dieter Spaar
Helmut Kleinhempel
Hans Joachim Müller
Klaus Naumann
Bakteriosen der Kulturpflanzen

Eberhard Teuscher
Pharmakognosie
Teil I–III

HEINRICH BREMER
KLAUS-PETER WENDLANDT
Heterogene Katalyse

PETER BIRNER
HANS-JÖRG HOFMANN
CORNELIUS WEISS
MO-theoretische Methoden in der organischen Chemie

GÜNTHER EPPERT
Einführung in die Schnelle Flüssigchromatographie

GERHARD GEISELER / HEINZ SEIDEL
Die Wasserstoffbrückenbindung

J. G. COLLEE
Angewandte medizinische Mikrobiologie

FALKO H. HERRMANN
MARTINA CH. HERRMANN
Das Hämoglobin des Menschen
Struktur, Funktion, Genetik

HELMUT HRAPIA
Einführung in die Chromatographie

HANS LUPPA
Grundlagen der Histochemie
Teil I und II

HASSO MEINERT
Fluorchemie
Zur Chemie und Anwendung

DIETER ONKEN
Antibiotika
Chemie und Anwendung

BURKART PHILIPP
GERHARD REINISCH
Grundlagen der makromolekularen Chemie

HORST REMANE / RAINER HERZSCHUH
Massenspektrometrie in der organischen Chemie

Vorschau auf die nächsten Bände:

MARTIN HEINRICH / HEINZ ULBRICHT
Mechanik der Kontinua

KARL LANIUS
Physik der Elementarteilchen

DIETER MICHEL
Grundlagen und Methoden der kernmagnetischen Resonanz

GERNOT NEUGEBAUER
Relativistische Thermodynamik

ROBERT ROMPE
HANS-JÜRGEN TREDER
Grundfragen der Physik
Geschichte, Gegenwart und Zukunft der physikalischen Grundlagenforschung

JOACHIM SCHUPPAN
Theorie und Methoden der Konduktometrie

JOACHIM SCHUPPAN
Anwendungen der Konduktometrie

VOLKMAR SCHURICHT
Fusionsreaktoren und Umwelt

KURT SCHWABE
pH-Messung

RAINER SINZ
Chronopsychophysiologie, Chronobiologie und Chronomedizin

WTB

BAND 260

Volker Nollau

Semi-Markovsche Prozesse

Mit 10 Abbildungen und 5 Tabellen

AKADEMIE-VERLAG · BERLIN

Reihe MATHEMATIK UND PHYSIK

Herausgeber:

Prof. Dr. phil. habil. W. Holzmüller, Leipzig

Prof. Dr. phil. habil. A. Lösche, Leipzig

Prof. Dr. phil. habil. H. Reichardt, Berlin

Prof. Dr. rer. nat. habil. H.-J. Treder, Potsdam

Verfasser:

Dr. sc. nat. Volker Nollau

Technische Universität Dresden

1980

Erschienen im Akademie-Verlag,

DDR-1080 Berlin, Leipziger Str. 3–4

Lektor: Dr. Reinhard Höppner

Lizenznummer: 202 · 100/425/80

Gesamtherstellung: VEB Druckhaus „Maxim Gorki“,

7400 Altenburg

Bestellnummer: 762 613 1 (7260) · LSV 1074

Printed in GDR

DDR 8,– M

Vorwort

Die geniale Idee von A. A. MARKOV, die in der Wahrscheinlichkeitsrechnung zu dem fundamentalen Begriff der Markov-Eigenschaft führte, fand durch das Konzept des semi-Markovschen Prozesses ihre natürliche Verallgemeinerung.

Nachdem P. LEVY [19] und W. L. SMITH [33] unabhängig voneinander auf dem Internationalen Mathematiker-Kongreß 1954 in Amsterdam die Konzeption für einen semi-Markovschen Prozeß vorstellten, sind diese Prozesse Gegenstand vielfältiger Untersuchungen geworden, die sich sowohl auf die Theorie als auch auf die recht zahlreichen Anwendungsmöglichkeiten beziehen.[1])

Das vorliegende Taschenbuch behandelt Theorie und Anwendung semi-Markovscher Prozesse. Es wendet sich sowohl an Mathematiker als auch an mathematisch interessierte Ingenieure und Naturwissenschaftler. Dabei werden Grundkenntnisse der Differential- und Integralrechnung vorausgesetzt. Die grundlegenden Begriffe der Wahrscheinlichkeitsrechnung — soweit sie hier erforderlich sind — finden sich in einem Anhang, wie auch eine kurze Darstellung der Laplace- und Laplace-Stieltjes-Transformation.

Der erste Abschnitt beinhaltet — ausgehend vom Markovschen Erneuerungsprozeß — die grundlegenden Definitionen zum semi-Markovschen Prozeß, der zugehörigen Zählprozesse, der eingebetteten Erneuerungsprozesse sowie der Vorwärts- und Rückwärtsverweilzeiten.

---

[1]) Der Leser sei dabei auf das umfangreiche Literaturverzeichnis in [18] sowie auf die Bibliographie von J. L. TEUGELS [35] (ca. 600 Publikationen) hingewiesen.

Die Regularität semi-Markovscher Prozesse, die im Falle eines abzählbar unendlichen Zustandsraumes von Bedeutung ist, wird im zweiten Abschnitt behandelt.

Im dritten Abschnitt wird auf die Erneuerungseigenschaften der semi-Markovschen Prozesse sowie der eingebetteten Zähl- und Erneuerungsprozesse eingegangen.

Das asymptotische Verhalten (gewöhnlicher und verallgemeinerter) semi-Markovscher Prozesse sowie die Stationarität sind der Gegenstand des vierten Abschnittes.

Eine Darstellung der Vergröberungsmethoden von Störmer, Serfozo und Koroljuk bringt der fünfte Abschnitt.

Der sechste Abschnitt beschäftigt sich mit semi-Markovschen Entscheidungsprozessen, wobei ausführlich auf die praktische Bestimmung optimaler Strategien — auch anhand eines Beispieles — eingegangen wird.

Der siebente Abschnitt bringt schließlich zwei Beispiele für die Anwendung der semi-Markovschen Prozesse in der Zuverlässigkeitstheorie und bei stochastischen Automaten.

So behandelt das Taschenbuch die grundlegenden Eigenschaften der semi-Markovschen Prozesse sowie einige der wichtigsten Aspekte ihrer Anwendung. Dabei wurde bewußt auf bestimmte Problemkreise verzichtet, wie z. B. semi-Markovsche Prozesse mit Hilfspfaden (vgl. z. B. [31]), semi-Markovsche Prozesse mit überabzählbarem Zustandsraum (vgl. z. B. [4, 20, 37]), zufällige Zeittransformationen (vgl. z. B. [36]) und statistische Schätzungen (vgl. z. B. [9, 26]). Außerdem konnten bezüglich des asymptotischen Verhaltens nur einige wichtig erscheinende Aussagen Berücksichtigung finden, während z. B. auf Gesetze der großen Zahlen (vgl. z. B. [29]) nicht eingegangen wurde.

Es darf aber der Hoffnung Ausdruck verliehen werden, daß trotz dieser notwendigen Beschränkungen dem interessierten Leser wesentliche Kenntnisse über semi-Markovsche Prozesse vermittelt sowie Anregungen insbesondere auch zur Anwendung dieser Prozesse gegeben werden.

Meinen Kollegen, Dr. sc. D. STOYAN und Dr. T. EWERS, sei an dieser Stelle für die kritische Durchsicht des Manuskriptes und wertvolle Hinweise gedankt, sowie Frau G. BÖHM für die Anfertigung eines vorzüglichen Maschinenmanuskriptes.

Schließlich durfte ich mich einer angenehmen Zusammenarbeit mit dem Akademie-Verlag — insbesondere mit Herrn Dr. R. HÖPPNER — erfreuen.

Der Autor

Inhaltsverzeichnis

1. Definition semi-Markovscher Prozesse und Eigenschaften abgeleiteter Prozesse 11

2. Reguläre semi-Markovsche Prozesse 32

3. Erneuerungsgleichungen für charakteristische Größen bei semi-Markovschen Prozessen 39

4. Asymptotisches Verhalten semi-Markovscher Prozesse . 57

5. Vergröberung bei semi-Markovschen Prozessen 79

6. Semi-Markovsche Entscheidungsprozesse 102

7. Anwendungen 125

8. Anhang 136
   A 1: Wahrscheinlichkeitsraum. Zufallsgrößen. Bedingte Erwartung 136
   A 2: Markovsche Ketten 141
   A 3: Erneuerungsprozesse 147
   A 4: Laplace-Transformation. Laplace-Stieltjes-Transformation. Faltung 150

Literaturverzeichnis 154

Sachverzeichnis 157

Symbolverzeichnis 160

1. Definition semi-Markovscher Prozesse und Eigenschaften abgeleiteter Prozesse

1.1. Die semi-Markovschen Prozesse stellen eine unmittelbare Verallgemeinerung Markovscher Ketten dar. Bekanntlich dienen die Markovschen Ketten (mit diskreter Zeit) zur Beschreibung des Verhaltens von Systemen, deren Zustand in gleichabständigen Zeitpunkten eine mögliche Veränderung erfährt. Dabei wird davon ausgegangen, daß das Verhalten des betrachteten Systems der sogenannten Markovschen Eigenschaften genügt. Diese Eigenschaft besteht darin, daß die Wahrscheinlichkeit für das Auftreten eines Zustandes nur vom (zeitlich) unmittelbar vorangehenden Zustand abhängt.

Bei einer Reihe von Systemen, wie sie z. B. in der Bedienungstheorie oder in der Zuverlässigkeitstheorie auftreten, ist zwar dieses — durch die Markovsche Eigenschaft charakterisierbare — Verhalten festzustellen, aber die Veränderungen der Zustände erfolgen in *zufälligen* Zeitpunkten. Derartige Systeme können nicht vollständig durch Markovsche Ketten, also durch Übergangswahrscheinlichkeiten für die Zustände dieser Systeme, beschrieben werden, sondern erfordern zusätzlich die Einbeziehung zufälliger Übergangszeiten zu ihrer Modellierung.

Das Anliegen, Systeme mit der Markovschen Eigenschaft bezüglich der Zustandsfolge und einem zufälligen zeitlichen Ablauf innerhalb dieser Zustandsfolge zu beschreiben, führt zum Begriff des semi-Markovschen Prozesses. Diese Prozesse, die auch als halb-Markovsche Prozesse bezeichnet werden, können folgendermaßen definiert werden.

Definition 1.1. Es sei X eine (nichtleere) endliche oder abzählbar unendliche Menge, der sogenannte Zustandsraum. Weiter bezeichnen:

a) $(X_n)_{n \in N_0} (N_0 = N \cup \{0\})$ eine Folge von Zufallsgrößen (über einem Wahrscheinlichkeitsraum $(\Omega, \mathfrak{A}, \mathsf{P})$) mit Werten in X,

b) $(V_n)_{n \in N_0}$ eine Folge von Zufallsgrößen (über $(\Omega, \mathfrak{A}, \mathsf{P})$) mit Werten in $[0, \infty)$,

c) $$\tau_n = \sum_{k=0}^{n-1} V_k \quad (n \in N) \quad \text{und} \quad \tau_0 \equiv 0, \tag{1.1}$$

d) $$\tau(t) = \max\{n \in N_0 : \tau_n \leqq t\}. \tag{1.2}$$

Gilt für alle $n \in N_0$, $y \in X$ und $t \geqq 0$

$$\begin{aligned} &\mathsf{P}(X_{n+1} = y, V_n \leqq t \mid X_n, \ldots, X_0, V_{n-1}, \ldots, V_0) \\ &\quad = \mathsf{P}(X_{n+1} = y, V_n \leqq t \mid X_n) \end{aligned} \tag{1.3}$$

(P-fast sicher[1])) und sind diese Wahrscheinlichkeiten von $n \in N_0$ unabhängig, so heißt $\big(X(t)\big)_{t \in [0,\infty)}$ mit

$$X(t) = X_{\tau(t)} \quad (t \geqq 0) \tag{1.4}$$

ein *semi-Markovscher Prozeß*.

Ein semi-Markovscher Prozeß ist also ein zufälliger Prozeß mit stückweise konstanten, rechtsseitig stetigen Trajektorien $\{X(t, \omega) = X_{\tau(t,\omega)}(\omega) : t \geqq 0\}$ für alle $\omega \in \Omega$ (bezüglich der diskreten Topologie auf X). Die Sprungstellen der Trajektorien sind $\tau_n(\omega)$, $n = 1, 2, \ldots$ $(\omega \in \Omega)$, (vgl. Abb. 1), d. h., sie sind zufällig.

Die Wahrscheinlichkeiten $a_x = \mathsf{P}\big(X(0) = x\big)$, $x \in X$, bilden die Anfangsverteilung des semi-Markovschen Prozesses. Die Matrix

$$\boldsymbol{Q}(t) = \big(Q_{xy}(t)\big)_{x,y \in X} \qquad (t \geqq 0)$$

---

[1]) Zur Definition der bedingten Wahrscheinlichkeit vgl. Anhang A 1.

der Übergangswahrscheinlichkeiten

$$Q_{xy}(t) = \mathsf{P}(X_{n+1} = y,\, V_n \leqq t \mid X_n = x) \qquad (1.5)$$

heißt *semi-Markovsche Matrix*. Dabei ist $Q_{xy}(t)$ die Wahrscheinlichkeit dafür, daß sich der semi-Markovsche Prozeß $\big(X(t)\big)_{t\in[0,\infty)}$ spätestens zum Zeitpunkt $\tau_n + t$ im nächsten Zustand y befindet, falls er im Zeitpunkt τ_n den Zustand x erreichte.

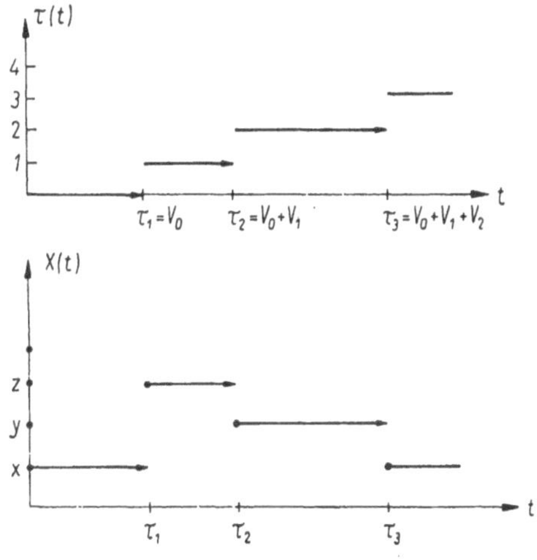

Abb. 1

Die Wahrscheinlichkeiten $Q_{xy}(t)$ $(x, y \in X,\, t \geqq 0)$ können darüber hinaus als die Übergangswahrscheinlichkeiten einer zweidimensionalen Markovschen Kette $(X_n, V_n)_{n\in N_0}$ mit dem Zustandsraum $X \times [0, \infty)$ interpretiert werden; die Übergangswahrscheinlichkeiten sind dabei nur von der ersten Komponente $(X_n)_{n\in N_0}$ abhängig. Diese Komponente $(X_n)_{n\in N_0}$ von $(X_n, V_n)_{n\in N_0}$ ist ebenfalls Markovsch und wird die (im semi-Markovschen Prozeß $\big(X(t)\big)_{t\in[0,\infty)}$) *eingebettete Markovsche Kette* genannt. Durch $(a_x)_{x\in X}$ ist die Anfangsverteilung von $(X_n)_{n \in N_0}$ gegeben, und

$$p_{xy} = \lim_{t \to \infty} Q_{xy}(t) \qquad (x, y \in X) \tag{1.6}$$

sind die Übergangswahrscheinlichkeiten von $(X_n)_{n \in N_0}$.

Die Zufallsgrößen V_n, $n \in N_0$, werden als *Verweilzeiten* bezeichnet, und ihre bedingten Verteilungen

$$F_{xy}(t) = \mathsf{P}(V_n \leqq t \mid X_{n+1} = y, X_n = x)$$

genügen für $p_{xy} > 0$ der Beziehung

$$F_{xy}(t) = \frac{Q_{xy}(t)}{p_{xy}} \qquad (t \geqq 0), \tag{1.7}$$

wie folgende einfache Überlegung zeigt:

$$\begin{aligned}
&\mathsf{P}(V_n \leqq t \mid X_{n+1} = y, X_n = x) \\
&= \frac{\mathsf{P}(V_n \leqq t, X_{n+1} = y, X_n = x)}{P(X_{n+1} = y, X_n = x)} \\
&= \frac{\mathsf{P}(X_{n+1} = y, V_n \leqq t \mid X_n = x)}{P(X_{n+1} = y \mid X_n = x)} = \frac{Q_{xy}(t)}{p_{xy}}.
\end{aligned}$$

Für alle $x, y \in X$ mit $p_{xy} = 0$ wird hier F_{xy} durch

$$F_{xy}(t) = U_1(t) = \begin{cases} 0, & 0 \leqq t < 1, \\ 1, & t \geqq 1 \end{cases}$$

definiert.

Durch F_{xy} ist also die Verteilungsfunktion der Verweilzeit im Zustand x unter der Bedingung, daß danach der Zustand y erreicht wird, gegeben. Außerdem stellt

$$P_x(t) = \sum_{y \in X} p_{xy} F_{xy}(t) = \sum_{y \in X} Q_{xy}(t) \tag{1.8}$$

wegen

$$\begin{aligned}
\sum_{y \in X} Q_{xy}(t) &= \sum_{y \in X} \mathsf{P}(X_{n+1} = y,\ V_n \leqq t \mid X_n = x) \\
&= \mathsf{P}(V_n \leqq t \mid X_n = x)
\end{aligned}$$

die Verteilungsfunktion der Verweilzeit im Zustand x (bis zum nächsten Übergang – ggf. auch nach x) dar.

Weiterhin erhält man für die bedingte gemeinsame Verteilung der Verweilzeit die Beziehung

$$\mathsf{P}(V_0 \leqq t_0, V_1 \leqq t_1, \ldots, V_{n-1} \leqq t_{n-1} \mid X_0 = x_0, \ldots, X_n = x_n)$$

$$= F_{x_0x_1}(t_0) \cdot F_{x_1x_2}(t_1) \cdot \ldots \cdot F_{x_{n-1}x_n}(t_{n-1}) \tag{1.9}$$

für alle $t_0, \ldots, t_{n-1} \geqq 0$ und alle $x_0, \ldots, x_n \in X$ mit $\mathsf{P}(X_0 = x_0, X_1 = x_1, \ldots, X_n = x_n) > 0$. Auf Grund der Markov-Eigenschaft von $(X_n, V_n)_{n \in N_0}$ (vgl. Definition 1.1 (1.3)) ergibt sich nämlich diese Beziehung folgendermaßen

$$\mathsf{P}(V_0 \leqq t_0, \ldots, V_{n-1} \leqq t_{n-1} \mid X_0 = x_0, \ldots, X_n = x_n)$$

$$= \frac{\mathsf{P}(V_0 \leqq t_0, \ldots, V_{n-1} \leqq t_{n-1}, X_0 = x_0, \ldots, X_n = x_n)}{\mathsf{P}(X_0 = x_0, \ldots, X_n = x_n)}$$

$$= \mathsf{P}(V_{n-1} \leqq t_{n-1} \mid X_n = x_n, X_{n-1} = x_{n-1}) \times$$

$$\frac{\mathsf{P}(V_0 \leqq t_0, \ldots, V_{n-2} \leqq t_{n-2}, X_0 = x_0, \ldots, X_n = x_n)}{\mathsf{P}(X_0 = x_1, X_1 = x_1, \ldots, X_n = x_n)}$$

$$\vdots$$

$$= F_{x_{n-1}x_n}(t_{n-1}) \cdot F_{x_{n-2}x_{n-1}}(t_{n-2}) \cdot \ldots \cdot F_{x_1x_2}(t_1)\, F_{x_0x_1}(t_0).$$

Im folgenden geben wir nun einige spezielle Beispiele semi-Markovscher Prozesse an:

a) $Q_{xy}(t) \equiv 0$ für $0 \leqq t < 1$

$Q_{xy}(t) = p_{xy}$ für $t \geqq 1, \qquad (x, y \in X)$;

hier handelt es sich um eine homogene Markovsche Kette.

b) $Q_{xy}(t) = p_{xy} \quad (t \geq 0; \quad x, y \in X)$;

hier durchläuft der semi-Markovsche Prozeß in einem Zeitpunkt Null den Zustandsraum entsprechend den Übergangswahrscheinlichkeiten p_{xy}. Besteht der Zustandsraum X aus mindestens zwei Punkten, so impliziert diese Definition eine unendliche Geschwindigkeit beim Durchlaufen von X, so daß die Prozesse als pathologische Fälle anzusehen sind. Sie werden deshalb im folgenden durch die Bedingung $Q_{xy}(0) = 0 (x, y \in X)$ von den Betrachtungen ausgeschlossen.

c) $Q_{xy}(t) = F_x(t) \cdot p_{xy} \quad (t \geqq 0; \quad x, y \in X)$;

hier ist die Verweilzeitverteilung nur vom Ausgangszustand x, nicht aber vom Zielzustand y abhängig, es ist also $F_x = P_x$ $(x \in X)$.

d) $Q_{xy}(t) = (1 - \mathrm{e}^{-\lambda_x t})\, p_{xy} \quad (t \geqq 0; x, y \in X)$ mit $\lambda_x > 0$;

hier handelt es sich um einen Spezialfall von c) mit exponentiell verteilten Verweilzeiten.

Jede (homogene) Markovsche Kette $(X_t)_{t \in [0,\infty)}$ mit stetiger Zeit, deren Zustände $x \in X$ alle stabil sind (vgl. Anhang A 2), ist ein semi-Markovscher Prozeß. Bezeichnet nämlich

$$p_{xy}(t) = \mathsf{P}(X_{s+t} = y \mid X_s = x) \quad (x, y \in X; t, s \geqq 0)$$

die Übergangswahrscheinlichkeiten und

$$q_x = \lim_{t \downarrow 0} \frac{1}{t} \big(1 - p_{xx}(t)\big)$$

sowie

$$q_{xy} = \lim_{t \downarrow 0} \frac{1}{t}\, p_{xy}(t)$$

die Intensitäten, so gilt für einen stabilen Zustand x, d. h. $q_x < \infty$, $\mathsf{P}(X_{s+h} = x$ für alle $h \in (0, t) \mid X_s = x) = \mathrm{e}^{-q_x t}$ (vgl. Anhang A 2.) Für die Verteilungsfunktionen der

Verweilzeiten erhält man also $F_{xy}(t) = 1 - e^{-q_x t}$, und die Übergangswahrscheinlichkeiten der eingebetteten Markovschen Kette $(X_n)_{n \in N_0}$ sind

$$p_{xy} = \begin{cases} 0, & y = x, \\ \dfrac{q_{xy}}{q_x}, & y \neq x. \end{cases}$$

Die semi-Markovschen Prozesse stellen folglich eine Verallgemeinerung von Markovschen Ketten mit stetiger Zeit dar. Anstelle einer (nur vom Startzustand abhängigen) Exponentialverteilung für die Verweilzeit tritt eine (i. a. auch vom Zielzustand abhängige) beliebige Verteilung auf.

1.2. In den voranstehenden Beispielen wurden die semi-Markovschen Prozesse durch die Größen $Q_{xy}(t)$ $(x, y \in X, t \geqq 0)$, also die Übergangswahrscheinlichkeiten p_{xy} $(x, y \in X)$ der eingebetteten Markovschen Kette und die bedingten Verweilzeitverteilungen F_{xy} $(x, y \in X)$ beschrieben. Wir beweisen nun, daß durch p_{xy}, F_{xy} $(x, y \in X)$ und eine Anfangsverteilung a_x $(x \in X)$ ein semi-Markovscher Prozeß vollständig definiert ist. Es gilt nämlich der

Satz 1.1. *Es seien X eine endliche oder abzählbare Menge und*

a) $(a_x)_{x \in X}$ *eine Wahrscheinlichkeitsverteilung auf X, d. h.* $a_x \geqq 0$ *und* $\sum_{x \in X} a_x = 1$,

b) $(p_{xy})_{x,y \in X}$ *eine Familie von Übergangswahrscheinlichkeiten auf X, d. h.* $p_{xy} \geqq 0$ *und* $\sum_{y \in X} p_{xy} = 1$.

c) $(F_{xy})_{x,y \in X}$ *eine Familie von Verteilungsfunktionen über* $[0, \infty)$, *d. h.* $F_{xy}(t) = 0$ $(t \leqq 0)$,

$F_{xy}(t') \leqq F_{xy}(t'')$ $(t' < t'')$, $\lim_{s \downarrow t} F_{xy}(s) = F_{xy}(t)$ *und* $\lim_{t \to \infty} F_{xy}(t) = 1$.

Dann existiert ein Wahrscheinlichkeitsraum $(\Omega, \mathfrak{A}, \mathsf{P})$ *und ein semi-Markovscher Prozeß* $\big(X(t)\big)_{t \in [0,\infty)}$: $X(t)$

$= X_{\tau(t)}$ $(t \geqq 0)$ *über* Ω *mit Werten in* X *mit der Anfangsverteilung* $\mathsf{P}\big(X(0) = x\big) = a_x$ *und*

$$\mathsf{P}(X_{n+1} = y, V_n \leqq t \mid X_n = x) = p_{xy}F_{xy}(t)$$

für $x, y \in X$ *und* $t \geqq 0$.

Beweis: Es bezeichne

$$\Omega = \Big\{\omega : \omega = \big((x_0, 0), (x_1, s_0), (x_2, s_1), \ldots\big) \text{ mit } x_0, x_1, x_2, \ldots \in X \quad \text{und} \quad s_0, s_1, \ldots \geqq 0\Big\}$$

und $\mathfrak{A}$ die von den sogenannten Zylindermengen

$B_{x_0,x_1,\ldots,x_n;t_0,\ldots,t_{n-1}} = \Big\{\omega : \omega = \big((x_0, 0), (x_1, s_0), \ldots, (x_n, s_{n-1}), (x_{n+1}, s_n), \ldots\big)$ mit $0 \leqq s_0 \leqq t_0, \ldots, 0 \leqq s_{n-1} \leqq t_{n-1}$ und $x_{n+1}, \ldots \in X; s_n, \ldots \geqq 0\Big\}$ $(x_0, x_1, \ldots, x_n \in X; t_0, \ldots, t_{n-1} \geqq 0; n \in N)$ erzeugte σ-Algebra.

Da entsprechend den angegebenen Voraussetzungen b) und c) durch $\{p_{xy}F_{xy}(t)\}_{x,y\in X;t\geqq 0}$ eine Familie von Übergangswahrscheinlichkeiten über $X \times [0, \infty)$ gegeben ist, existiert nach einem Satz von Kolmogorow (vgl. [2]) ein Maß $\mathsf{P} = \mathsf{P}_{\boldsymbol{a}}\,\big(\boldsymbol{a} = (a_x)_{x\in X}\big)$ auf $\mathfrak{A}$ mit

$$\mathsf{P}(B_{x_0,x_1,\ldots,x_n;t_0,\ldots,t_{n-1}}) = a_{x_0}p_{x_0x_1}F_{x_0x_1}(t_0)\cdot\ldots\cdot p_{x_{n-1}x_n}F_{x_{n-1}x_n}(t_{n-1})$$

für alle $x_0, x_1, \ldots, x_n \in X; t_0, \ldots, t_{n-1} \geqq 0$ und $n \in N$.

Durch

$$X_0 : \omega = \big((x_0, 0), (x_1, s_0), \ldots\big) \to X_0(\omega) = x_0,$$

und

$$(X_{n+1}, V_n) : \omega = \big((x_0, 0), (x_1, s_0), \ldots, (x_{n+1}, s_n), \ldots\big) \to (X_{n+1}, V_n)\,(\omega) = (x_{n+1}, s_n)$$

ist eine Markovsche Kette $(X_n, V_n)_{n \in N_0}$ über Ω mit Werten in $X \times [0, \infty)$ definiert, wobei

$$\begin{aligned} \mathsf{P}(X_{n+1} = y, V_n \leqq t, X_n = x, V_{n-1} \leqq t_{n-1}, \dots, V_0 \leqq t_0, \\ X_0 = x_0) = \mathsf{P}(B_{x_0,\dots,x_{n-1},x,y;t_0,\dots,t_{n-1},t}) \\ = a_{x_0} p_{x_0x_1} F_{x_0x_1}(t_0) \cdot \ldots \cdot p_{x_{n-1}x} F_{x_{n-1}x}(t_{n-1})\, p_{xy} F_{xy}(t) \end{aligned}$$

gilt für alle $x_0, \dots, x, y \in X$ und $t_0, \dots, t \in [0, \infty)$. Es ist also (P-fast sicher)

$$\mathsf{P}(X_{n+1} = y, V_n \leqq t \mid X_n, V_{n-1}) = p_{X_n y} F_{X_n y}(t)\ (y \in X, t \geqq 0), \tag{1.10}$$

und

$$\begin{aligned} \mathsf{P}(X_{n+1} = y, V_n \leqq t \mid X_n, \dots, X_0, V_{n-1}, \dots, V_0) \\ = \mathsf{P}(X_{n+1} = y, V_n \leqq t \mid X_n). \end{aligned} \tag{1.3}$$

Also genügt der Prozeß $(X_n, V_n)_{n \in N_0}$ der Bedingung (1.3) (Definition 1.1), und $\big(X(t)\big)_{t \in [0,\infty)}$ mit $X(t) = X_{\tau(t)}$ sowie $\tau(t) = \max \{n \in N_0 : \sum_{k=0}^{n-1} V_k \leqq t\}$ ist ein semi-Markovscher Prozeß mit der Anfangsverteilung $(a_x)_{x \in X}$ und

$$\mathsf{P}(X_{n+1} = y, V_n \leqq t \mid X_n = x) = p_{xy} F_{xy}(t)$$

$$\text{für} \quad x, y \in X \quad \text{und} \quad t \geqq 0. \quad \blacksquare$$

In analoger Weise läßt sich zeigen, daß ein semi-Markovscher Prozeß auch durch eine Anfangsverteilung $(a_x)_{x \in X}$ und eine semi-Markovsche Matrix $\underset{\sim}{Q} = (Q_{xy})_{x,y \in X}$ vollständig bestimmt ist. Von W. S. KOROLJUK und A. F. TURBIN [18] wird außerdem eine weitere Möglichkeit zur Konstruktion von semi-Markovschen Prozessen mit endlichem Zustandsraum X angegeben, die der folgende Satz beinhaltet.

Satz 1.2. *Es sei $\big(X(t)\big)_{t \in [0,\infty)}$ ein semi-Markovscher Prozeß mit endlichem Zustandsraum X und der zugehörigen semi-Markovschen Matrix $\underset{\sim}{Q} = (Q_{xy})_{x,y \in X}$.*

Sind Y_{xy}, $(x, y \in X)$, (in ihrer Gesamtheit) unabhängige nicht-negative Zufallsgrößen mit den Verteilungsfunktionen

$$A_{xy}(t) = 1 - \exp\left(-\int_0^t \frac{Q_{xy}(\mathrm{d}u)}{1 - P_x(u)}\right) \quad (t \geqq 0)^{1)} \qquad (1.11)$$

und $P_x(u) = \sum_{y \in X} Q_{xy}(u)$, so sind die Zufallsgrößen

$$\Theta_x = \min_{y \in X} Y_{xy} \qquad (x \in X)$$

nach P_x verteilt, d. h., Θ_x besitzen die Verteilungsfunktionen der Verweilzeiten im Zustand x. Außerdem gilt

$$Q_{xy}(t) = \int_0^t \prod_{\substack{z \in X \\ z \neq y}} \left(1 - A_{xz}(u)\right) A_{xy}(\mathrm{d}u) \quad (t \geqq 0), \qquad (1.12)$$

d. h., zwischen $\boldsymbol{Q} = (Q_{xy})_{x,y \in X}$ und $\boldsymbol{A} = (A_{xy})_{x,y \in X}$ besteht ein eineindeutiger Zusammenhang.

Beweis: Die Verteilungsfunktion von Θ_x ergibt sich auf Grund der folgenden Beziehungen

$$\mathsf{P}(\Theta_x \geqq t) = \prod_{y \in X} \left(1 - A_{xy}(t)\right) = \exp\left(-\sum_{y \in X} \int_0^t \frac{Q_{xy}(\mathrm{d}u)}{1 - P_x(u)}\right)$$

$$= \exp\left(-\int_0^t \frac{P_x(\mathrm{d}u)}{1 - P_x(u)}\right) = \exp\left(\int_0^{P_x(t)} \frac{\mathrm{d}\xi}{\xi - 1}\right)$$

$$= \exp\left(\ln |\xi - 1| \Big|_0^{P_x(t)}\right) = 1 - P_x(t)$$

$$(x \in X, t \geqq 0).$$

[1]) Im Falle $p_{xy} = 0$ gilt $A_{xy}(t) \equiv 0$ $(t \geqq 0)$.

Außerdem erhält man ausgehend von

$$A_{xy}(t) = 1 - \exp\left(-\int\limits_0^t \frac{Q_{xy}(du)}{1 - P_x(u)}\right)$$

für die Differentiale von $A_{xy}(t)$ und $Q_{xy}(t)$

$$\frac{A_{xy}(dt)}{1 - A_{xy}(t)} = \frac{Q_{xy}(dt)}{1 - P_x(t)} = \frac{Q_{xy}(dt)}{\prod\limits_{z \in X} \left(1 - A_{xz}(t)\right)},$$

woraus sich unmittelbar die Behauptung ergibt. ∎

1.3. Im folgenden betrachten wir nun einige Prozesse, die in einem engen Zusammenhang mit semi-Markovschen Prozessen stehen, und zwar zunächst den Prozeß $(X_n, \tau_n)_{n \in N_0}$ mit $\tau_n = \sum\limits_{k=0}^{n-1} V_k$ $(n \in N)$ und $\tau_0 \equiv 0$ (vgl. Definition 1.1).

Satz 1.3. *Es sei* $(X_n, V_n)_{n \in N_0}$ *eine Markovsche Kette mit dem Zustandsraum* $X \times [0, \infty)$, *die der Bedingung* (1.3) (*in Definition* 1.1) *genügt, d. h.* $X(t) = X_{\tau(t)}$ *mit* $\tau(t) = \max\{n \in N_0 : \tau_n \leqq t\}$ *ist ein semi-Markovscher Prozeß. Dann ist auch* $(X_n, \tau_n)_{n \in N_0}$ *Markovsch, und es gilt*

$$\mathsf{P}(X_{n+1} = y, \tau_{n+1} \leqq s \mid X_n, \tau_n) = Q_{X_n y}(s - \tau_n).^{1)} \qquad (1.13)$$

Beweis: Auf Grund der vorausgesetzten speziellen Markov-Eigenschaft (1.3) von $(X_n, V_n)_{n \in N_0}$ ergibt sich

$$\mathsf{P}(X_{n+1} = y, \tau_{n+1} \leqq s \mid X_n, \ldots, X_0, \tau_n, \tau_{n-1}, \ldots, \tau_0)$$

$$= \mathsf{P}(X_{n+1} = y, V_n + \tau_n \leqq s \mid X_n, \ldots, X_0, \tau_n, \sum_{k=0}^{n-2} V_k, \ldots, V_0, 0)$$

$$= \mathsf{P}(X_{n+1} = x, V_n + \tau_n \leqq s \mid X_n, \ldots, X_0, \tau_n, V_{n-2}, \ldots, 0)$$

$$= \mathsf{P}(X_{n+1} = y, \tau_{n+1} \leqq s \mid X_n, \tau_n),$$

[1]) $\mathsf{P}(X_{n+1} = y, \tau_{n+1} \leqq s \mid X_n, \tau_n)$ ist eine Zufallsgröße und zwar die bedingte Wahrscheinlichkeit des Ereignisses $\{X_{n+1} = x, \tau_{n+1} \leqq s\}$ unter der Bedingung $[X_n, \tau_n]$, d. h., für $\omega \in \Omega$ mit $X_n(\omega) = x$ und $\tau_n(\omega) = t$ ist $\mathsf{P}(X_{n+1} = y, \tau_{n+1} \leqq s \mid X_n, \tau_n)(\omega) = Q_{xy}(s - t)$.

und es gilt

$$\begin{aligned}\mathsf{P}(X_{n+1} = y, \tau_{n+1} \leqq s \mid X_n, \tau_n) \\ &= \mathsf{P}(X_{n+1} = y, V_n \leqq s - \tau_n \mid X_n, \tau_n) \\ &= Q_{X_n y}(s - \tau_n), \quad (n = 0, 1, \ldots). \qquad (1.14)\end{aligned}$$

Den Prozeß $(X_n, \tau_n)_{n \in N_0}$ bezeichnet man auch als *Prozeß der Markovschen Erneuerungen* und τ_n als n-ten Erneuerungszeitpunkt. (Ist der Zustandsraum X einelementig, so stellt $(\tau_n)_{n \in N_0}$ einen einfachen Erneuerungsprozeß dar.) Dabei ist $\mathsf{P}(X_n = y, \tau_n \leqq t' \mid X_0 = x)$, $x, y \in X$, $0 \leqq t' < \infty$, die Wahrscheinlichkeit dafür, daß der zugehörige semi-Markovsche Prozeß $X(t) = X_{\tau(t)}$ mit $\tau(t) = \max\{n \in N_0 : \tau_n \leqq t\}$ bis zum Zeitpunkt t' mindestens n Übergänge vollzieht und sich nach diesen n Übergängen im Zustand y befindet, unter der Bedingung, daß er im Zeitpunkt Null im Zustand x war. Diese Wahrscheinlichkeiten lassen sich rekursiv mittels der Chapman-Kolmogorow-Gleichung (vgl. Anhang A 2) bestimmen. Entsprechend Satz 1.3 ist

$$\mathsf{P}(X_1 = y, \tau_1 \leqq s \mid X_0 = x) = Q_{xy}(s)$$

und

$$\mathsf{P}(X_n = y, \tau_n \leqq s \mid X_0 = x)$$

$$= \sum_{z \in X} \int_0^s Q_{zy}(s - t)\, \mathsf{P}(X_{n-1} = z, t < \tau_{n-1} \leqq t + \mathrm{d}t \mid X_0 = x)^{1)},$$

d. h., es gilt

$$\mathsf{P}(X_n = y, \tau_n \leqq t \mid X_0 = x) = Q_{xy}^{(n)}(t) \qquad (1.15)$$

[1]) Eines besseren Verständnisses wegen verwenden wir hier und im folgenden mitunter für Integrale der Form $\int_0^a \varphi(t)\, F_X(\mathrm{d}t)$, wobei $a \geqq 0$ und F_X die Verteilungsfunktion einer Zufallsgröße X sind, die Schreibweise

$$\int_0^a \varphi(t)\, F_X(\mathrm{d}t) = \int_0^a \varphi(t)\, \mathsf{P}(t < X \leqq t + \mathrm{d}t).$$

mit

$$Q_{xy}^{(n)}(t) = \sum_{z \in X} \int_0^t Q_{zy}(t-s)\, Q_{xz}^{(n-1)}(\mathrm{d}s) \tag{1.16}$$

und

$$Q_{xy}^{(1)}(t) = Q_{xy}(t) \qquad (x, y \in X;\, t \geqq 0).$$

Als unmittelbare Folgerung erhält man außerdem für die Wahrscheinlichkeit, daß der semi-Markovsche Prozeß $(X(t))_{t\in[0,\infty)} : X(t) = X_{\tau(t)}$ bis zum Zeitpunkt t mindestens n Übergänge vollzieht, falls zum Zeitpunkt Null der Zustand x vorlag, folgende Beziehung:

$$\begin{aligned} \mathsf{P}(\tau_n \leqq t \mid X_0 = x) &= \sum_{y\in X} \mathsf{P}(X_n = y, \tau_n \leqq t \mid X_0 = x) \\ &= \sum_{y \in X} Q_{xy}^{(n)}(t). \end{aligned} \tag{1.17}$$

Im Zusammenhang mit einem semi-Markovschen Prozeß $(X(t))_{t\in[0,\infty)}$:

$$X(t) = X_{\tau(t)} \quad \text{und} \quad \tau(t) = \max\{n \in N_0 : \tau_n \leqq t\}$$

über einem Zustandsraum X sind weiterhin diejenigen Prozesse von Interesse, die die Übergänge in jeweils einen bestimmten Zustand „zählen". Derartige Prozesse $(Z_x(t))_{t\in[0,\infty)}$, die durch

$$Z_x(t) = \sum_{k=0}^{\tau(t)} \delta_{X_k x} \quad (x \in X, t \geq 0) \tag{1.18}$$

($\delta_{..}$-Kronecker-Symbol) definiert werden, heißen *Zählprozesse*. Ist $X(0) = x$ bzw. $X(0) \neq x$, so gibt die Zufallsgröße $Z_x(t) - 1$ bzw. $Z_x(t)$ an, wie oft bis zum Zeitpunkt t ein Übergang in den Zustand x erfolgte. Weiterhin sind unter der Voraussetzung $X(0) = x$

$$\tau_x^{(n)} = \inf\{t > 0 : Z_x(t) > n\} \quad (n = 1, 2, \ldots) \tag{1.19}$$

der Zeitpunkt der n-ten Rückkehr des semi-Markovschen Prozesses $(X(t))_{t\in[0,\infty)}$ in den Zustand x und

$$V_x^{(n)} = \inf\{t > 0 : Z_x(t + \tau_x^{(n-1)}) > n\} \quad (n = 1, 2, \ldots) \tag{1.20}$$

$(\tau_x^{(0)} = 0)$ die Zeit zwischen der $(n-1)$-ten und n-ten Rückkehr von $(X(t))_{t\in[0,\infty)}$ in den Zustand x (vgl. Abb. 2).

Satz 1.4. *Es sei $(X(t))_{t\in[0,\infty)}$ ein semi-Markovscher Prozeß mit $X(0) = x$ $(x \in X)$.*
Dann ist

$$\mathsf{P}(V_x^{(n)} \leqq t) = \mathsf{P}(V_x^{(1)} \leqq t)$$

für alle $n = 2, 3, \ldots,$ und es gilt

$$\mathsf{P}(V_x^{(1)} \leqq t) = Q_{xx}(t) + \sum_{l=1}^{\infty} \sum_{x_1,\ldots,x_l \in X\setminus\{x\}} (Q_{xx_1} * \ldots * Q_{x_lx})(t). \tag{1.21}$$

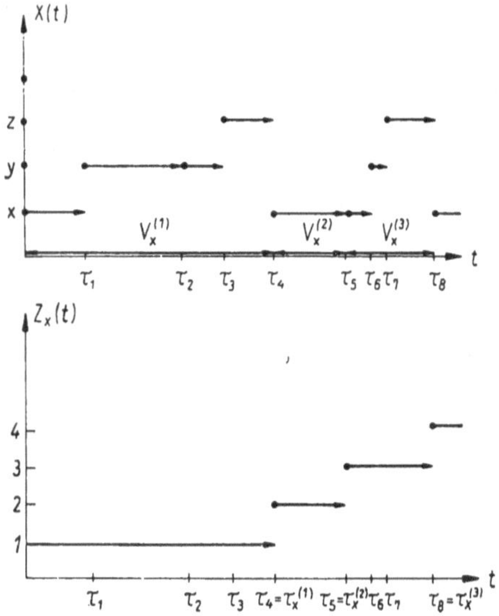

Abb. 2

Als unmittelbare Folgerung ergibt sich, daß

$$S_x^{(n)} = \sum_{k=1}^{n} V_x^{(k)} \qquad (n = 1, 2, \ldots)$$

wegen der Unabhängigkeit der Übergangszeiten $V_x^{(k)}$, die aus der Unabhängigkeit der Verweilzeiten V_n $(n = 0, 1, \ldots)$ resultiert, ein einfacher Erneuerungsprozeß ist.

Beweis: Es bezeichne $T_k^{(n)}$ $(k = 1, 2, \ldots; n = 1, 2, \ldots)$ die Zeitdauer zwischen der n-ten Rückkehr des semi-Markovschen Prozesses $\big(X(t)\big)_{t \in [0,\infty)}$ in den Zustand x und dem k-ten Übergang nach dieser Rückkehr in x, d. h.

$$T_k^{(n)} = \inf\{t > 0 : \tau(t + \tau_x^{(n)}) \geqq \tau(\tau_x^{(n)}) + k\}. \quad (1.22)$$

Da $(X_n)_{n \in N}$ als (in $X(t)_{t \in [0,\infty)}$) eingebettete Markovsche Kette auch die strenge Markovsche Eigenschaft besitzt (vgl. Anhang), gilt für alle $y, z \in X$ mit $p_{zy} > 0$

$$\mathsf{P}\big(X(\tau_x^{(n)} + T_{k+1}^{(n)}) = y \mid X(\tau_x^{(n)} + T_k^{(n)}) = z\big)$$
$$= \mathsf{P}\big(X(T_{k+1}^{(1)}) = y \mid X(T_k^{(1)}) = z\big) = p_{zy};$$

also ist

$$\mathsf{P}(V_x^{(n)} \leqq t) = \mathsf{P}(V_x^{(1)} \leqq t).$$

Entsprechend der oben angegebenen Folgerung aus Satz 1.3 gilt für alle $x, y \in X$ und $t \geqq 0$

$$\mathsf{P}(X_2 = y, \tau_2 \leqq t \mid X_0 = x)$$
$$= \sum_{z \in X} \int_0^t Q_{zy}(t-s)\, \mathsf{P}(X_1 = z, s < V_0 \leqq s + \mathrm{d}s \mid X_0 = x)$$
$$= \sum_{z \in X} \int_0^t Q_{zy}(t-s)\, Q_{xz}(\mathrm{d}s)$$
$$= \sum_{z \in X} (Q_{xz} * Q_{zy})(t).$$

Folglich erhält man

$$\mathsf{P}(X_2 = y, \tau_2 \leqq t, X_1 \neq x \mid X_0 = x) = \sum_{z \in X \setminus \{x\}} (Q_{xz} * Q_{zy})(t)$$

und davon ausgehend

$$\mathsf{P}(X_{l+1} = x, \tau_{l+1} \leqq t, X_l \neq x, \ldots, X_1 \neq x \mid X_0 = x)$$
$$= \sum_{x_1, \ldots, x_l \in X \setminus \{x\}} (Q_{xx_1} * Q_{x_1x_2} * \ldots * Q_{x_lx})(t).$$

Somit ergibt sich

$$\mathsf{P}(V_x^{(1)} \leqq t) = \mathsf{P}(X_1 = x, V_0 \leqq t \mid X_0 = x)$$
$$+ \sum_{l=1}^{\infty} \sum_{x_1, \ldots, x_l \in X \setminus \{x\}} \mathsf{P}(X_{l+1} = x, \tau_{l+1} \leqq t,$$
$$X_l \neq x, \ldots, X_1 \neq x \mid X_0 = x)$$
$$= Q_{xx}(t) + \sum_{l=1}^{\infty} \sum_{x_1, \ldots, x_l \in X \setminus \{x\}} (Q_{xx_1} * Q_{x_1x_2} * \ldots * Q_{x_lx})(t).$$

Schließlich betrachten wir zwei Prozesse, die das zeitliche Verhalten eines semi-Markovschen Prozesses $(X(t))_{t \in [0,\infty)}$ zwischen zwei Übergängen beschreiben. Als Vorwärtsverweilzeit oder Restzeit bzw. Rückwärtsverweilzeit oder Alter bezeichnet man

$$V(t) = \sum_{k=0}^{\tau(t)} V_k - t \tag{1.23}$$

bzw.

$$R(t) = t - \sum_{k=0}^{\tau(t)-1} V_k \tag{1.24}$$

mit

$$\tau(t) = \max \{n \in N_0 : V_0 + V_1 + \ldots + V_{n-1} \leqq t\}. \tag{1.2}$$

Dabei gibt $V(t)$ die (zufällige) Zeitspanne zwischen t und dem Zeitpunkt des nächsten Übergangs an; $R(t)$ ist dagegen die (zufällige) Zeitspanne zwischen dem Zeitpunkt des letzten Überganges und t (vgl. Abb. 3).

Satz 1.5. *Ist* $(X(t))_{t\in[0,\infty)}$ *ein semi-Markovscher Prozeß mit dem Zustandsraum* X, *so sind*

$$(X(t),\, V(t))_{t\in[0,\infty)} \quad bzw. \quad (X(t),\, R(t))_{t\in[0,\infty)}$$

Markovsche Prozesse mit dem Zustandsraum $X \times [0, \infty)$.

Beweis: Für $t > t_n > \ldots > t_1 \geqq 0$ ist

$$\begin{aligned}
&\mathsf{P}(X(t) = x,\, R(t) \leqq s \mid X(t_1), \ldots, X(t_n), R(t_1), \ldots, R(t_n)) \\
&\quad = \mathsf{P}\Big(X(t) = x,\, t - \sum_{k=0}^{\tau(t)-1} V_k \leqq s \mid X(t_1), \ldots, X(t_n), \\
&\qquad t_1 - \sum_{k=0}^{\tau(t_1)-1} V_k, \ldots, t_n - \sum_{k=0}^{\tau(t_n)-1} V_k\Big) \\
&\quad = \mathsf{P}(X_{\tau(t)} = x,\, \tau_{\tau(t)} \geqq t - s \mid X_{\tau(t_1)}, \ldots, \\
&\qquad X_{\tau(t_n)},\, t_1 - \tau_{\tau(t_1)}, \ldots, t_n - \tau_{\tau(t_n)}),
\end{aligned}$$

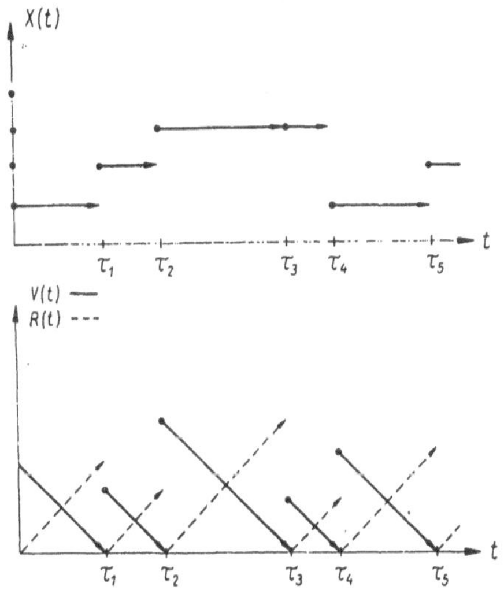

Abb. 3

da nach Definition

$$\tau(t) = \max\{n \in N_0, \tau_n \leqq t\} \tag{1.2}$$

die Anzahl der Übergänge bis zum Zeitpunkt t ist und dementsprechend

$$\tau_{\tau(t)} = \sum_{k=0}^{\tau(t)-1} V_k \tag{1.25}$$

den Zeitpunkt des $\tau(t)$-ten Übergangs darstellt.
Wie im Satz 1.3 angegeben wurde, ist $(X_n, \tau_n)_{n \in N_0}$ eine Markovsche Kette, so daß entsprechend der strengen Markov-Eigenschaft von $(X_n, \tau_n)_{n \in N_0}$ gilt

$$\begin{aligned} \mathsf{P}\big(X(t) = x, R(t) \leqq s \mid X(t_1), \ldots, X(t_n), R(t_1), \ldots, R(t_n)\big) \\ = \mathsf{P}\big(X_{\tau(t)} = x, \tau_{\tau(t)} \geqq t - s \mid X_{\tau(t_n)}, t - \tau_{\tau(t_n)}\big) \\ = \mathsf{P}\big(X(t) = x, R(t) \leqq s \mid X(t_n), R(t_n)\big). \end{aligned}$$

Für die Vorwärtsverweilzeit $\big(V(t)\big)_{t \in [0,\infty)}$ verläuft der Beweis in analoger Weise.

Das eben angegebene Resultat (Markovisierung durch Zusatzvariable) ist für semi-Markovsche Prozesse u. a. auch deshalb von Bedeutung, weil es damit möglich ist, die Theorie der Markovschen Prozesse für die Untersuchung der Eigenschaften semi-Markovscher Prozesse heranzuziehen.

1.4. Im folgenden geben wir nun eine Klassifikation der Zustände eines semi-Markovschen Prozesses $\big(X(t)\big)_{t \in [0,\infty)}$ an und vergleichen diese mit der Klassifikation bezüglich der eingebetteten Markovschen Kette. Bezüglich der Verweilzeit in einem Zustand ergibt sich die folgende Einteilung:

Definition 1.2. Es sei $\big(X(t)\big)_{t \in [0,\infty)}$ ein semi-Markovscher Prozeß mit dem Zustandsraum X und den Verweilzeitverteilungsfunktionen

$$P_x(t) = \sum_{y \in X} Q_{xy}(t). \tag{1.8}$$

Dann heißt ein Zustand x

a) *instabil*, wenn

$$P_x(t) = 1 \quad \text{für} \quad 0 \leqq t < \infty,$$

b) *stabil*, wenn

$$P_x(0) < 1,$$

c) *absorbierend*, wenn

$$P_x(t) = 0 \quad \text{für} \quad 0 \leqq t < \infty$$

gilt.

Ein Zustand x ist also dann instabil, wenn er zum Zeitpunkt des Erreichens augenblicklich wieder verlassen wird. Dagegen impliziert die Stabilität eines Zustandes x, daß der semi-Markovsche Prozeß mit positiver Wahrscheinlichkeit den Zustand x nicht sofort verläßt. Ist ein Zustand x absorbierend bez. $\big(X(t)\big)_{t\in[0,\infty)}$, so gilt $Q_{xy}(t) \equiv 0$ für alle $y \in X$, d. h. $p_{xy} = 0$ für alle $y \in X \setminus \{x\}$. Dieser Zustand ist also auch absorbierend bezüglich der eingebetteten Markovschen Kette.

Weiter bezeichne V_y den (zufälligen) Zeitpunkt des ersten Erreichens des Zustandes y durch einen semi-Markovschen Prozeß $\big(X(t)\big)_{t\in[0,\infty)}$, d. h.

$$V_y = \inf\{t > V_0 : X(t) = y\} \tag{1.26}$$

und

$$G_{xy}(s) = \mathsf{P}\big(V_y \leqq s \mid X(0) = x\big) \quad (s > 0;\, x, y \in X). \tag{1.27}$$

Für die von $\big(X(t)\big)_{t\in[0,\infty)}$ erzeugten Zählprozesse $\big(Z_x(t)\big)_{t\in[0,\infty)}$, $x \in X$, gilt dann

$$G_{xy}(s) = \begin{cases} \mathsf{P}\big(Z_y(s) > 0 \mid X(0) = x\big), & x \neq y, \\ \mathsf{P}\big(Z_y(s) > 1 \mid X(0) = x\big), & x = y. \end{cases} \tag{1.27'}$$

Ausgehend von dieser Funktion G_{xy} kann dann eine Klasseneinteilung im Zustandsraum X des semi-Markovschen Prozesses — wie im folgenden angegeben wird — vorgenommen werden.

Definition 1.3. Es sei $(X(t))_{t\in[0,\infty)}$ ein semi-Markovscher Prozeß mit dem Zustandsraum X. Dann heißen zwei Zustände $x, y \in X$ *verbunden*, falls

$$\lim_{t\to\infty} G_{xy}(t) \cdot \lim_{t\to\infty} G_{yx}(t) > 0 \quad \text{oder} \quad x = y \tag{1.28}$$

gilt.

Die Zustände x und y sind also dann verbunden, wenn der semi-Markovsche Prozeß mit positiver Wahrscheinlichkeit nach endlicher Zeit sowohl den Zustand y erreicht, falls $(X(t))_{t\in[0,\infty)}$ in x startet, als auch den Zustand x erreicht, falls der Prozeß in y startete. Wegen

$$\lim_{t\to\infty} G_{xy}(t) = \mathsf{P}(X_1 = y \mid X_0 = x) + \sum_{l=2}^{\infty} \mathsf{P}(X_l = y, X_{l-1} \neq y, \ldots, X_1 \neq y \mid X_0 = x) \tag{1.29}$$

sind x und y genau dann bez. $(X(t))_{t\in[0,\infty)}$ verbunden, falls sie bez. der eingebetteten Markovschen Kette verbunden sind.

Durch die Bedingung (1.28) ist also eine Äquivalenzrelation gegeben; eine Äquivalenzklasse $X[x] \subset X$ besteht dabei aus der Menge der mit x verbundenen Zustände. Als *Abschließung* $\overline{X[x]}$ von $X[x]$ bezeichnet man die Menge der Zustände y, von denen aus startend der semi-Markovsche Prozeß mit positiver Wahrscheinlichkeit nach endlicher Zeit einen Zustand aus $X[x]$ erreicht, d. h.

$$\overline{X[x]} = \{y \in X : \lim_{t\to\infty} G_{yx'}(t) > 0,\ x' \in X[x]\}. \tag{1.30}$$

Ein semi-Markovscher Prozeß $(X(t))_{t\in[0,\infty)}$ heißt *irreduzibel*, falls

$$X[x] = X$$

für alle $x \in X$ ist.

Aus dieser Definition folgt, daß im Falle des Vorhandenseins verbundener Zustände bei einem irreduziblen semi-Markovschen Prozeß die Abschließung der Äquivalenzklasse der verbundenen Zustände mit dem gesamten Zustandsraum X zusammenfällt.

Eine Äquivalenzklasse $X[x]$ wird bez. eines semi-Markovschen Prozesses als *wesentlich* bezeichnet, falls für alle $x' \in X[x]$ und alle $t \geqq 0$

$$\sum_{y \in X[x]} \mathsf{P}\big(X(t) = y \mid X(0) = x'\big) = 1$$

gilt.

Eine weitere Klassifikation von Zuständen eines semi-Markovschen Prozesses bezieht sich auf das „Rückkehr-Verhalten" in diese Zustände.

Definition 1.4. Es sei $\big(X(t)\big)_{t \in [0,\infty)}$ ein semi-Markovscher Prozeß mit

$$G_{xx}(t) = \mathsf{P}(V_x \leqq t) \qquad (x \in X, t \geqq 0).$$

($V_x = V_x^{(1)}$ — Rückkehrzeit von x, vgl. Satz 1.4).
Dann heißt ein Zustand $x \in X$

a) *positiv rekurrent*, falls

$$\lim_{t \to \infty} G_{xx}(t) = 1 \quad \text{und} \quad \mu_{xx} = \int_0^\infty t \, G_{xx}(\mathrm{d}t) < \infty$$

b) *null-rekurrent*, falls

$$\lim_{t \to \infty} G_{xx}(t) = 1 \quad \text{und} \quad \int_0^\infty t \, G_{xx}(\mathrm{d}t) = \infty$$

c) *transient*, falls

$$\lim_{t \to \infty} G_{xx}(t) < 1$$

gilt, und im Falle a) oder b) *rekurrent.*

Von R. Pyke [27] (vgl. auch S. W. Koroljuk und A. F. Turbin [18]) wird folgender Zusammenhang zwischen der Rekurrenz eines Zustandes x und den wesentlichen Mengen bez. des semi-Markovschen Prozesses

$(X(t))_{t\in[0,\infty)}$ und der (in $(X(t))_{t\in[0,\infty)}$) eingebetteten Markovschen Kette angegeben:

Satz 1.6. *Es sei $(X(t))_{t\in[0,\infty)}$ ein semi-Markovscher Prozeß mit der eingebetteten Markovschen Kette $(X_n)_{n\in N_0}$ und dem Zustandsraum X. Dann gilt:*

a) *Ein Zustand x ist genau dann rekurrent (bzw. transient, bzw. verbunden mit $y \in X$) bezüglich $(X(t))_{t\in[0,\infty)}$, wenn x rekurrent (bzw. transient 'bzw. verbunden mit $y \in X$) bezüglich $(X_n)_{n\in N_0}$ ist.*

b) *Im Falle eines endlichen Zustandsraumes X ist ein Zustand x genau dann positiv rekurrent bezüglich $(X(t))_{t\in[0,\infty)}$, falls x rekurrent bezüglich $(X_n)_{n\in N_0}$ ist und für alle $y \in X[x]$*

$$m_y = \int_0^\infty \left(1 - P_y(t)\right) \mathrm{d}t < \infty \tag{1.31}$$

gilt.

c) *Wenn ein Zustand x positiv rekurrent bezüglich $(X_n)_{n\in N_0}$ ist und für alle $y \in X[x]$ die Werte m_y gleichmäßig (nach oben) beschränkt sind, so stellt x einen positiv-rekurrenten Zustand bezüglich $(X(t))_{t\in[0,\infty)}$ dar.*

d) *Eine Äquivalenzklasse $X[x]$, $x \in X$, ist genau dann wesentlich bez. $(X(t))_{t\in[0,\infty)}$, falls $X[x]$ wesentlich bez. $(X_n)_{n\in N_0}$ ist.*

Bezüglich des Beweises sei auf die Originalliteratur verwiesen.

2. Reguläre semi-Markovsche Prozesse

Die eingangs angegebene Definition eines semi-Markovschen Prozesses schließt nicht aus, daß ein solcher Prozeß nur eine endliche Laufzeit hat, d. h. $L = \sup_{n\in N} \tau_n < \infty$ ist. Sind z. B.

$$X = \{0, 1, 2, \ldots\},$$

$$a_x = \begin{cases} 1 & \text{für} \quad x = 0, \\ 0 & \text{für} \quad x \neq 0 \end{cases}$$

und

$$Q_{xy}(t) = \begin{cases} U_{2^{x+1}}(t) & \text{für} \quad y = x + 1, \\ 0 & \text{für} \quad y \neq x + 1 \end{cases}$$

mit

$$U_\xi(t) = \begin{cases} 0 & \text{für} \quad t < \xi^{-1}, \\ 1 & \text{für} \quad t \geqq \xi^{-1}, \end{cases}$$

so gilt

$$V_0 = \frac{1}{2}, \quad V_1 = \frac{1}{4}, \quad V_2 = \frac{1}{8}, \ldots$$

Also ist $\sup_{n \in N} \tau_n = 1$ (vgl. Abbildung 4).

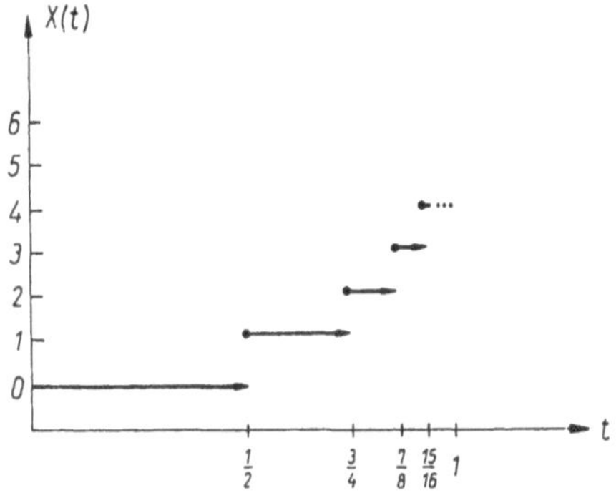

Abb. 4

In diesem Abschnitt geben wir nun Bedingungen dafür an, daß $L = \sup_{n \in N} \tau_n$ (mit Wahrscheinlichkeit Eins) unendlich ist, d. h. für alle $t \geqq 0$ gilt $\tau(t) < \infty$. Wie das angegebene Beispiel schon vermuten läßt, kann $L < \infty$ nur im Fall eines nicht endlichen Zustandsraumes X auftreten, wie der folgende Satz zeigt.

Satz 2.1. *Für einen semi-Markovschen Prozeß mit endlichem Zustandsraum X gilt*

$$\mathsf{P}\big(\tau(t) < \infty, t \in [0, \infty)\big) = 1.$$

Beweis: Für einen Zustand $x \in X$ mit $a_x = \mathsf{P}(X_0 = x) > 0$ bezeichne

$$X_x^{(m)} = \{\boldsymbol{x}_x^{(m)} = (x, x_1, \ldots, x_m) : x_1, \ldots, x_m \in X\}$$

die Menge der Trajektorien der eingebetteten Markovschen Kette $(X_n)_{n \in N_0}$ bis zum Zeitpunkt $n = m$ mit dem Anfangszustand x. Für $t \geqq 0$ und $m \in N_0$ ergibt sich dann

$$\begin{aligned}\mathsf{P}\big(\tau(t) \geqq m \mid X_0 = x\big) &= \mathsf{P}(\tau_m \leqq t \mid X_0 = x) \\ &= \sum_{\boldsymbol{x}_x^{(m)} \in X_x^{(m)}} (Q_{xx_1} * Q_{x_1x_2} * \ldots * Q_{x_{m-1}x_m})(t) \\ &= \sum_{\boldsymbol{x}_x^{(m)} \in X_x^{(m)}} (p_{xx_1} p_{x_1x_2} \cdot \ldots \cdot p_{x_{m-1}x_m}) \\ &\quad \times (F_{xx_1} * F_{x_1x_2} * \ldots * F_{x_{m-1}x_m})(t)\end{aligned}$$

entsprechend der im Unterabschnitt 1.3 angegebenen Beziehung (1.15). Bezeichnet

$$F(t) = 1 - \prod_{y,z \in X} \big(1 - F_{yz}(t)\big),$$ [1]

so ist

$$F(t) \geqq \max_{y,z \in X} F_{yz}(t) \qquad (t \geqq 0),$$

und man erhält folglich

$$\begin{aligned}\mathsf{P}\big(\tau(t) \geqq n \mid X_0 = x\big) &\leqq F^{*(m)}(t) \cdot \sum_{\boldsymbol{x}_x^{(m)} \in X_x^{(m)}} p_{xx_1} \cdot p_{x_1x_2} \cdot \ldots \cdot p_{x_{m-1}x_m} \\ &= F^{*(m)}(t).\end{aligned}$$

Auf Grund von $F(0) = 0$ ergibt sich dann (vgl. Anhang A 4) $\lim\limits_{m \to \infty} F^{*(m)}(t) = 0$.

Also ist $\mathsf{P}\big(\tau(t) < \infty \mid X_0 = x\big) = 1$ für jeden Zustand x mit $a_x > 0$ und $t \geqq 0$. Wegen der Monotonie von $\tau(t)$ bez.

[1]) F ist die Verteilungsfunktion des Minimums von unabhängigen Zufallsgrößen mit den Verteilungsfunktionen F_{yz} $(y, z \in X)$, falls X endlich ist.

t folgt aus dieser Aussage dann die Behauptung

$$\mathsf{P}\big(\tau(t) < \infty,\, t \in [0, \infty)\big) = 1. \blacksquare$$

Wie das eingangs angeführte Beispiel zeigte, so ist ein entsprechendes Resultat für semi-Markovsche Prozesse mit endlichem Zustandsraum im Falle eines abzählbaren — aber nicht endlichen — Zustandsraumes ohne zusätzliche Voraussetzungen nicht zu erhalten.

Wir führen deshalb nach PYKE [27] einen geeigneten Regularitätsbegriff ein.

Definition 2.1. Ein Zustand $x_0 \in X$ eines semi-Markovschen Prozesses $\big(X(t)\big)_{t\in[0,\infty)}$, der entsprechend Satz 1.1 durch $\boldsymbol{a} = (a_x)_{x\in X}$ und $\boldsymbol{Q}(t) = \big(Q_{xy}(t)\big)_{x,y\in X}$ $(t \geqq 0)$ gegeben ist, heißt *$\boldsymbol{a}$-regulär*, falls entweder

a) $a_{x_0} = 0$ gilt oder

b) eine Menge

$$\mathfrak{A}_0 \subset X_{x_0} = \{\boldsymbol{x}_{x_0} = (x_0, x_1, x_2, \ldots) : x_1, x_2, \ldots \in X\}$$

mit

$$\mathsf{P}\big((X_0, X_1, X_2, X_3, \ldots) \in \mathfrak{A}_0 \mid X_0 = x_0\big) = 1$$

existiert, so daß für jedes $\boldsymbol{x}_{x_0} \in \mathfrak{A}_0$ und jedes $c > 0$ mindestens eine der zwei Reihen

$$\sum_{n=0}^{\infty} \big(1 - F_{x_n x_{n+1}}(c)\big), \tag{2.1}$$

$$\sum_{n=0}^{\infty} \int_0^c t F_{x_n x_{n+2}}(\mathrm{d}t) \tag{2.2}$$

divergiert.

Ein semi-Markovscher Prozeß, gegeben durch $\boldsymbol{a}$ und $\boldsymbol{Q}$, heißt $\boldsymbol{a}$-regulär, wenn jeder Zustand $x \in X$ $\boldsymbol{a}$-regulär ist, und $\boldsymbol{Q}$ heißt *regulär*, falls $\big(X(t)\big)_{t\in[0,\infty)}$ $\boldsymbol{a}$-regulär ist für jede Anfangsverteilung $\boldsymbol{a} = (a_x)_{x\in X}$.

Wir erhalten nun nach PYKE [27] den folgenden Satz, der zeigt, daß diese Definition zur Charakterisierung der semi-Markovschen Prozesse mit unendlicher Laufzeit herangezogen werden kann.

Satz 2.2. *Ein Zustand $x_0 \in X$ eines durch $\boldsymbol{a} = (a_x)_{x \in X}$ und $\boldsymbol{Q} = (Q_{xy})_{x,y \in X}$ gegebenen semi-Markovschen Prozesses ist genau dann $\boldsymbol{a}$-regulär, falls*

$$\mathsf{P}\big(X_0 = x_0, \tau(t) = \infty \quad \textit{für ein} \quad t \geqq 0\big) = 0 \tag{2.3}$$

gilt.

Bevor diese Aussage bewiesen wird, bemerken wir noch, daß also ein mit positiver Wahrscheinlichkeit im Zustand x_0 startender semi-Markovscher Prozeß nur dann eine unendliche Laufzeit besitzen kann, falls die mittleren Verweilzeiten oder die Wahrscheinlichkeiten größerer Verweilzeiten nicht zu stark abnehmen. Für das obige Beispiel trifft dieser Umstand gerade nicht zu, denn es ist dort notwendigerweise $\mathfrak{A}_0 = \{(0, 1, 2, \ldots)\}$, und für jedes c existieren ein n' mit $1 - F_{n,n+1}(c) = 0$ $(n \geqq n')$ und ein n'' mit $\int\limits_0^c t F_{n,n+1}(\mathrm{d}t) = \frac{1}{2^{n+1}}$ $(n \geqq n'')$, so daß die Reihen (2.1) und (2.2) konvergieren.

Beweis (zum Satz 2.2.): Die Aussage des Satzes gilt trivialerweise für alle $x_0 \in X$ mit $a_{x_0} = 0$. O.B.d.A. können wir also $a_{x_0} > 0$ annehmen.

1. Für jedes $\boldsymbol{x}_{x_0}$ sind, entsprechend einer Überlegung im Unterabschnitt 1.1, die Verweilzeiten $V_0, \ldots, V_{n-1}$ unter der Bedingung $X_0 = x_0, \ldots, X_n = x_n$ unabhängig, d. h.

$$\mathsf{P}(V_0 \leqq t_0, V_1 \leqq t_1, \ldots, V_{n-1} \leqq t_{n-1} \mid X_0 = x_0, \ldots, X_n = x_n)$$
$$= F_{x_0 x_1}(t_0) \cdot F_{x_1 x_2}(t_1) \cdot \ldots \cdot F_{x_{n-1} x_n}(t_{n-1})$$
$$(n = 1, 2, \ldots).$$

Also ist für $\boldsymbol{x}_{x_0} \in X_{x_0}$ wegen $\tau_n = \sum\limits_{k=0}^{n-1} V_k$

$$\mathsf{P}\big(\tau(t) = \infty \mid X_0 = x_0, X_1 = x_1, \ldots\big)$$
$$= \lim_{n \to \infty} \mathsf{P}(\tau_n \leqq t \mid X_0 = x_0, X_1 = x_1, \ldots) \tag{2.4}$$
$$= \lim_{n \to \infty} (F_{x_0 x_1} * F_{x_1 x_2} * \ldots * F_{x_{n-1} x_n})(t).$$

Nach dem Kolmogorowschen Zweireihensatz[1]) (einer Folgerung aus dem Dreireihensatz im Falle nicht-negativer Zufallsgrößen, vgl. [21]) gilt nun

$$\lim_{n\to\infty} (F_{x_0x_1} * F_{x_1x_2} * \ldots * F_{x_{n-1}x_n})(t) = 0$$

genau dann, falls für alle $c > 0$ mindestens eine der Reihen

$$\sum_{n=0}^{\infty} \mathsf{P}(V_n > c \mid X_0 = x_0, X_1 = x_1, \ldots), \tag{2.5}$$

$$\sum_{n=0}^{\infty} \mathsf{E}\big(\min(V_n, c) \mid X_0 = x_0, X_1 = x_1, \ldots\big) \tag{2.6}$$

divergiert, da τ_n die Summe (bedingt) unabhängiger Zufallsgrößen $V_1, \ldots, V_{n-1}$ ist.

Wegen

$$\mathsf{P}(V_n > c \mid X_0 = x_0, X_1 = x_1, \ldots)$$
$$= \int_c^{\infty} F_{x_nx_{n+1}}(\mathrm{d}t) = 1 - F_{x_nx_{n+1}}(c) \tag{2.7}$$

und

$$\mathsf{E}(\min(V_n, c) \mid X_0 = x_0, X_1 = x_1, \ldots)$$
$$= \int_0^{\infty} \min(t, c)\, F_{x_nx_{n+1}}(\mathrm{d}t)$$
$$= \int_0^{c} tF'_{x_nx_{n+1}}(\mathrm{d}t) + c\int_c^{\infty} F_{x_nx_{n-1}}(\mathrm{d}t)\,. \tag{2.8}$$

---

[1]) Dieser Zweireihensatz von Kolmogorow lautet: Wenn $\{\eta_n : n \geqq 1\}$ eine Folge nicht-negativer unabhängiger Zufallsgrößen ist, dann konvergiert die Reihe $\sum_{n=1}^{\infty} \eta_n$ genau dann mit Wahrscheinlichkeit Eins, wenn für ein $\lambda > 0$ die Reihen $\sum_{n=1}^{\infty} \mathsf{P}(\eta_n > \lambda)$ und $\sum_{n=1}^{\infty} \mathsf{E}\big(\min(\eta_n, \lambda)\big)$ konvergieren. Wenn eine der Reihen divergiert, so divergiert $\sum_{n=1}^{\infty} \eta_n$ mit Wahrscheinlichkeit Eins.

divergiert mindestens eine der Reihen (2.1), (2.2) genau dann, falls mindestens eine der Reihen (2.5), (2.6) divergiert. Wenn also ein Zustand x_0 ($a_{x_0} > 0$) $\boldsymbol{a}$-regulär ist, dann existiert eine Menge $\mathfrak{A}_{x_0} \subset X_{x_0}$ mit der (bedingten) Wahrscheinlichkeit Eins, so daß nach (2.4)

$$\mathsf{P}\big(X_0 = x_0, \tau(t) = \infty \quad \text{für ein} \quad t \geqq 0\big) = 0$$

gilt.

2. Ist andererseits

$$\mathsf{P}\big(X_0 = x_0, \tau(t) = \infty \quad \text{für ein} \quad t \geqq 0\big) = 0,$$

so gilt nach (2.4)

$$0 = \mathsf{P}\big(\tau(t) = \infty \mid X_0 = x_0\big)$$

$$= \mathsf{E}\Big(\lim_{n\to\infty} (F_{X_0X_1} * F_{X_1X_2} * \dots * F_{X_nX_{n+1}})\,(t) \mid X_0 = x_0\Big) = 1.$$

Wegen der Nichtnegativität der Verweilzeiten, folgt hieraus

$$\mathsf{P}\Big(\lim_{n\to\infty} F_{X_0X_1} * F_{X_1X_2} * \dots * F_{X_nX_{n+1}})\,(t) = 0 \mid X_0 = x_0\Big) = 1.$$

Folglich existiert eine Menge $\mathfrak{A}_{x_0}$, die bezüglich des auf der Menge X_{x_0} induzierten Wahrscheinlichkeitsmaßes $\mathsf{P}_{X_0,X_1,\dots}(\cdot \mid X_0 = x_0)$ den Wert 1 hat, so daß für alle $\boldsymbol{x}_{x_0} \in \mathfrak{A}_{x_0}$

$$\lim_{n\to\infty} (F_{x_0x_1} * F_{x_1x_2} * \dots * F_{x_nx_{n+1}})\,(t) = 0$$

gilt. Entsprechend dem Kolmogorowschen Zweireihensatz divergiert dann mindestens eine der Reihen (2.1), (2.2), also ist x_0 $\boldsymbol{a}$-regulär.

Als unmittelbare Folgerungen ergibt sich, daß erstens ein semi-Markovscher Prozeß, gegeben durch $\boldsymbol{a}$ und $\boldsymbol{Q}$, genau dann $\boldsymbol{a}$-regulär ist, falls $\mathsf{P}\big(\tau(t) < \infty, 0 \leqq t < \infty\big) = 1$

gilt und zweitens $\boldsymbol{Q}$ genau dann regulär ist, falls für alle Anfangsverteilungen $\boldsymbol{a}$ die Beziehung

$$\mathsf{P}\big(\tau(t) < \infty, 0 \leqq t < \infty\big) = 1$$

besteht.

Weiterhin ergibt sich unmittelbar, daß ein Zustand x_0 $\boldsymbol{a}$-regulär ist, falls für jede Menge $\mathfrak{A} \subset X_{x_0}$ mit dem Wahrscheinlichkeitsmaß $\mathsf{P}_{X_0, X_1, \ldots}(\mathfrak{A} \mid X_0 = x_0) = 1$ ein $\delta > 0$ existiert, so daß $F_{x_n x_{n+1}}(\delta) = 0$ $(n \in N_0)$ gilt. Die Hinlänglichkeit dieser Bedingung ist auch anschaulich klar, denn sie besagt, daß der semi-Markovsche Prozeß für alle $\boldsymbol{x}_{x_0}$ mindestens δ Zeiteinheiten in einem Zustand x_n verweilt, falls er nach x_{n+1} übergeht. In einer endlichen Zeit t sind also — mit (bedingter) Wahrscheinlichkeit Eins — nur ent $\left[\frac{t}{\delta}\right] < \infty$ Übergänge möglich.

3. Erneuerungsgleichungen für charakteristische Größen bei semi-Markovschen Prozessen

In diesem Abschnitt beschäftigen wir uns mit sogenannten Erneuerungsgleichungen für charakteristische Größen bei semi-Markovschen Prozessen (Übergangswahrscheinlichkeiten, mittlere Anzahl der Erneuerungen, Momente der Zählprozesse u. a.). Diese Erneuerungsgleichungen, die ihrer Struktur nach Integralgleichungen sind, beschreiben bestimmte Reproduzierbarkeits- d. h. Erneuerungseigenschaften bei semi-Markovschen Prozessen. Sie beruhen darauf, daß das Verhalten des semi-Markovschen Prozesses $\big(X(t)\big)_{t \in [0,\infty)}$ nach Erreichen eines Zustandes nur von diesem und insbesondere nicht von der Anzahl der bisherigen Übergänge abhängt und jeder Übergang als erneuter Start des gleichen Prozesses interpretiert werden kann. Entsprechend Definition 1.1 wird dieser Sachverhalt dadurch beschrieben, daß für alle $n \in N_0$ und alle Zustände $x, y \in X$ sowie für beliebige

Zeitpunkte $t \geqq 0$

$$\mathsf{P}(X_{n+1} = y, V_n \leqq t \mid X_n, \ldots, X_0, V_{n-1}, \ldots, V_0) = \mathsf{P}(X_{n+1} = y, V_n \leqq t \mid X_n) \tag{1.3}$$

und

$$\mathsf{P}(X_{n+1} = y, V_n \leqq t \mid X_n = x) = \mathsf{P}(X_1 = y, V_0 \leqq t \mid X_0 = x), \tag{3.1}$$

gilt, d. h.

$$\mathsf{P}(X_{n+1} = y, \tau_{n+1} \leqq t + \tau_n \mid X_n = x) = \mathsf{P}(X_1 = y, V_0 \leqq t \mid X_0 = x). \tag{3.1'}$$

3.1. Wir betrachten zunächst die Übergangswahrscheinlichkeiten

$$\Phi_{xy}(s) = \mathsf{P}\big(X(s) = y \mid X(0) = x\big) \quad (x, y \in X; s \geqq 0), \tag{3.2}$$

d. h. die Wahrscheinlichkeiten, daß sich der semi-Markovsche Prozeß $\big(X(t)\big)_{t\in[0,\infty)}$ zur Zeit $s \geqq 0$ in einem Zustand $y \in X$ befindet (ihn also spätestens zur Zeit s erreicht und noch nicht verlassen hat), falls er im Zeitpunkt Null im Zustand $x \in X$ startete.

Satz 3.1. *Es sei* $\big(X(t)\big)_{t\in[0,\infty)}$ *ein semi-Markovscher Prozeß mit dem Zustandsraum* X *und*

$$Q_{xy}(s) = \mathsf{P}(X_1 = y, V_0 \leqq s \mid X_0 = x), \; s \geqq 0, x, y \in X;$$

dann gilt

$$\Phi_{xy}(s) = \delta_{xy}\Big(1 - \sum_{z\in X} Q_{xz}(s)\Big) + \sum_{z\in X} \int_0^s \Phi_{zy}(s - s')\, Q_{xz}(\mathrm{d}s') \tag{3.3}$$

für $s \geqq 0$ *und* $x, y \in X$, *d. h.*

$$\Phi_{xy}(s) = \delta_{xy}\Big(1 - \sum_{z\in X} Q_{xz}(s)\Big) + \sum_{z\in X} (\Phi_{zy} * Q_{xz})(s). \tag{3.3'}$$

Beweis: Wegen

$$\mathsf{P}\big(X(s) = y,\, V_0 > s \mid X(0) = x\big) = \delta_{xy}\Big(1 - \sum_{z \in X} Q_{xz}(s)\Big)$$

und

$$\mathsf{P}\big(X(s) = y,\, V_0 \leqq s \mid X(0) = x\big)$$

$$= \sum_{z \in X} \int_0^s \mathsf{P}\big(X_1 = z,\, s' < V_0 \leqq s' + \mathrm{d}s' \mid X_0 = x\big)$$

$$\times \mathsf{P}\big(X(s) = y \mid X(s') = z\big)$$

$$= \sum_{z \in X} \int_0^s Q_{xz}(\mathrm{d}s')\, \mathsf{P}\big(X(s - s') = y \mid X(0) = z\big)$$

erhält man

$$\Phi_{xy}(s) = \delta_{xy}\Big(1 - \sum_{z \in X} Q_{xz}(s)\Big) + \sum_{z \in X} \int_0^s \Phi_{zy}(s - s')\, Q_{xz}(\mathrm{d}s'). \quad \blacksquare \tag{3.3}$$

Wir bemerken noch, daß bei Verwendung der entsprechenden Matrizenschreibweise diese Gleichungen in der Form

$$\boldsymbol{\Phi}(s) = \big(\boldsymbol{E} - \boldsymbol{P}(s)\big) + (\boldsymbol{\Phi} * \boldsymbol{Q})\,(s)$$

$$\text{mit } P_{xy}(s) = \begin{cases} P_x(s) = \sum\limits_{z \in X} Q_{xz}(s) & \text{für} \quad x = y, \\ 0 \quad \text{für} \quad x \neq y \end{cases}$$

angegeben werden können.

3.2. Für eine Reihe von Untersuchungen zum Verhalten eines semi-Markovschen Prozesses sind weiterhin die Wahrscheinlichkeiten von Übergängen, die bestimmten Restriktionen unterliegen, von besonderem Interesse. Es seien A, B und C Teilmengen von Zuständen mit $A \subset C$. Die Wahrscheinlichkeit $\Psi_{x,ABC}(s)$, daß spätesten zum Zeitpunkt $s \geqq 0$ ein Übergang von A (direkt) nach B erfolgt, ohne daß vorher C verlassen wurde, falls der semi-Markovsche Prozeß zum Zeitpunkt Null im Zustand $x \in C$ startetete, ist dann durch

$$\begin{aligned}\Psi_{x,ABC}(s) = \mathsf{P}\big(V_0 \leqq s,\, T(A \to B) = 1 \mid X_0 = x\big) \\ + \mathsf{P}\big(\tau_{T(A\to B)} \leqq s,\, T(A \to B) > 1, \\ X_{T(A\to B)-1} \in C, \ldots, X_1 \in C, \mid X_0 = x\big) \quad (3.4)\end{aligned}$$

mit

$$T(A \to B) = \min \{n \in N : X_n \in B \quad \text{und} \quad X_{n-1} \in A) \quad (3.5)$$

und

$$\tau_{T(A\to B)} = V_0 + \ldots + V_{T(A\to B)-1} \quad (3.6)$$

definiert.

Für diese Wahrscheinlichkeiten $\Psi_{x,ABC}(s)$ erhält man den folgenden

Satz 3.2. *Es sei* $\big(X(t)\big)_{t\in[0,\infty)}$ *ein semi-Markovscher Prozeß mit dem Zustandsraum* X *und*

$$Q_{xy}(s) = \mathsf{P}\big(X_1 = y,\, V_0 \leqq s \mid X_0 = x\big),\; s \geqq 0,\; x, y \in X,$$

dann gilt für $x \in A$

$$\Psi_{x,ABC}(s) = \sum_{y\in C\setminus B} \int_0^s \Psi_{y,ABC}(s - s')\, Q_{xy}(\mathrm{d}s') + \sum_{y\in B} Q_{xy}(s)$$

und für $x \in C \setminus A$

$$\Psi_{x,ABC}(s) = \sum_{y\in C} \int_0^s \Psi_{y,ABC}(s - s')\, Q_{xy}(\mathrm{d}s'),$$

d. h.

$$\Psi_{x,ABC}(s) = \begin{cases} \sum\limits_{y\in C\setminus B} (\Psi_{y,ABC} * Q_{xy})(s) + \sum\limits_{y\in B} Q_{xy}(s), & x \in A, \\ \sum\limits_{y\in C} (\Psi_{y,ABC} * Q_{xy})(s), & x \in C \setminus A. \end{cases} \quad (3.7)$$

Beweis: a) Für $x \in A$ ist

$$\mathsf{P}\big(V_0 \leqq s,\, T(A \to B) = 1 \mid X_0 = x\big)$$
$$= \mathsf{P}\big(X_1 \in B,\, V_0 \leqq s \mid X_0 = x\big) = \sum_{y\in B} Q_{xy}(s) \quad (y \in X, s \geqq 0)$$

und

$$\begin{aligned}\mathsf{P}\big(\tau_{T(A\to B)} \leqq s,\ & T(A \to B) > 1,\\ & X_{T(A\to B)-1} \in C, \ldots, X_1 \in C \mid X_0 = x\big)\\ & = \mathsf{P}\big(\tau_{T(A\to B)} \leqq s, T(A \to B) > 1,\\ & \quad X_{T(A\to B)-1} \in C, \ldots, X_2 \in C,\\ & \quad X_1 \in C \setminus B \mid X_0 = x\big).\end{aligned}$$

Folglich ergibt sich

$$\begin{aligned}\Psi_{x,ABC}(s) &= \sum_{y\in B} Q_{xy}(s)\\ &+ \sum_{y\in C\setminus B} \int_0^s \Big\{\mathsf{P}\big(\tau_{T(A\to B)} \leqq s - s', T(A \to B) = 2 \mid X_1 = y\big)\\ &+ \mathsf{P}\big(\tau_{T(A\to B)} \leqq s - s', T(A \to B) > 2, X_{T(A\to B)-1} \in C, \ldots,\\ &\qquad X_2 \in C \mid X_1 = y\big)\Big\}\\ &\times \mathsf{P}\big(X_1 = y, s' < V_0 \leqq s' + \mathrm{d}s' \mid X_0 = x\big)\\ &= \sum_{y\in B} Q_{xy}(s) + \sum_{y\in C\setminus B} \int_0^s \Big\{\mathsf{P}\big(V_0 \leqq s - s', T(A \to B) = 1 \mid\\ &\quad \mid X_0 = y\big) + \mathsf{P}\big(\tau_{T(A\to B)} \leqq s - s', T(A \to B) > 1,\\ &\quad X_{T(A\to B)-1} \in C, \ldots, X_1 \in C \mid X_0 = y\big)\Big\}\, Q_{xy}(\mathrm{d}s'),\end{aligned}$$

d. h., es gilt

$$\Psi_{x,ABC}(s) = \sum_{y\in B} Q_{xy}(s) + \sum_{y\in C\setminus B} \int_0^s \Psi_{y,ABC}(s - s')\, Q_{xy}(\mathrm{d}s').$$

b) Für $x \in C \setminus A$ erhält man unter Berücksichtigung von

$$\mathsf{P}\big(V_0 \leqq s, T(A \to B) = 1 \mid X_0 = x\big) = 0$$

die obige Aussage in analoger Weise. ∎

Ausgehend von der Aussage des Satzes 3.2 ergibt sich für die k-ten Momente ($k = 0, 1, 2, \ldots$) des Zeitpunktes des ersten Überganges von A nach B (ohne vorheriges Verlassen von C), falls der semi-Markovsche Prozeß in $x \in C$ startete,

$$\mu_{x,ABC}^{(k)} = \int_0^\infty s^k \Psi_{x,ABC}(\mathrm{d}s). \tag{3.8}$$

Dabei ist $\mu_{x,ABC}^{(0)} = \lim_{s\to\infty} \Psi_{x,ABC}(s)$ die Wahrscheinlichkeit, daß der semi-Markovsche Prozeß überhaupt einen Übergang von A nach B vollzieht, ohne zuvor C zu verlassen, falls er im Zustand $x \in C$ startete.

Bezeichnet $\nu_{xy}^{(k)}$ das k-te Moment der Verweilzeit (unter der Bedingung eines direkten Überganges von x nach y), dessen Existenz im folgenden vorausgesetzt wird, d. h.

$$\nu_{xy}^{(k)} = \int_0^\infty t^k F_{xy}(\mathrm{d}t) < \infty \qquad (k = 0, 1, 2, \ldots), \tag{3.9}$$

so gilt entsprechend Satz 3.2 für $x \in A$

$$\begin{aligned}\int_0^\infty s^k \Psi_{x,ABC}(\mathrm{d}s) &= \sum_{y\in C\setminus B} \int_0^\infty s^k(\Psi_{y,ABC} * Q_{xy})\,(\mathrm{d}s) + \sum_{y\in B} p_{xy}\nu_{xy}^{(k)} \\ &= \sum_{y\in C\setminus B} \sum_{r=0}^{k} \binom{k}{r} p_{xy}\nu_{xy}^{(r)}\mu_{y,ABC}^{(k-r)} + \sum_{y\in B} p_{xy}\nu_{xy}^{(k)}\,{}^{1)}\end{aligned}$$

und für $x \in C\setminus A$

$$\begin{aligned}\int_0^\infty s^k \Psi_{x,ABC}(\mathrm{d}s) &= \sum_{y\in C} \int_0^\infty s^k(\Psi_{y,ABC} * Q_{xy})\,(\mathrm{d}s) \\ &= \sum_{y\in C} \sum_{r=0}^{k} \binom{k}{r} p_{xy}\nu_{xy}^{(r)}\mu_{y,ABC}^{(k-r)}.\end{aligned}$$

---

1) Sind nämlich ξ und η unabhängige nach F_ξ bzw. F_η verteilte Zufallsgrößen, so ist einerseits $\mathsf{E}(\xi + \eta)^k = \int_{-\infty}^{\infty} x^k (F_\xi * F_\eta)\,(\mathrm{d}x)$ und andererseits $\mathsf{E}(\xi + \eta)^k = \sum_{r=0}^{k} \binom{k}{r} \mathsf{E}\xi^r \mathsf{E}\eta^{k-r}$.

Zusammenfassend erhält man also folgendes lineare Gleichungssystem für die Momente $\mu_{x,ABC}^{(r)}$ $(r = 0, \ldots, k)$

$$\mu_{x,ABC}^{(k)} = \begin{cases} \sum\limits_{y \in C \setminus B} \sum\limits_{r=0}^{k} \binom{k}{r} p_{xy} \nu_{xy}^{(r)} \mu_{y,ABC}^{(k-r)} + \sum\limits_{y \in B} p_{xy} \nu_{xy}^{(k)}, & x \in A, \\ \sum\limits_{y \in C} \sum\limits_{r=0}^{k} \binom{k}{r} p_{xy} \nu_{xy}^{(r)} \mu_{y,ABC}^{(k-r)}, & x \in C \setminus A. \end{cases} \tag{3.10}$$

Von H. Störmer wird in [34] für den Fall eines endlichen Zustandsraumes X eine Methode zur iterativen Bestimmung dieser Momente angegeben, die von diesem Gleichungssystem ausgeht.

3.3. Im folgenden beschäftigen wir uns nun mit einigen interessanten Spezialfällen der im vorangehenden Unterabschnitt betrachteten allgemeinen Situation.

a) $A = C$, $B = \{z\}$, C beliebig:

In diesem Fall ist

$$\Psi_{x,ABC}(s) = \Psi_{x,C\{z\}C}(s) \qquad (x \in C,\ s \geqq 0)$$

die Wahrscheinlichkeit, daß spätestens zum Zeitpunkt $s \geqq 0$ der Zustand z erreicht wird, ohne daß vorher C verlassen wurde, falls der semi-Markovsche Prozeß zum Zeitpunkt Null in $x \in C$ startete. Die Gleichung (3.7) hat dann die Form

$$\Psi_{x,C\{z\}C}(s) = \sum_{y \in C \setminus \{z\}} (\Psi_{y,C\{z\}C} * Q_{xz})(s) + Q_{xy}(s) \ (x \in C,\ s \geqq 0). \tag{3.11}$$

b) $A = X$, $B = \{z\}$, $C = X$:

Hier ist

$$\Psi_{x,ABC}(s) = \Psi_{x,X\{z\}X}(s)$$

die Wahrscheinlichkeit, daß spätestens zum Zeitpunkt $s \geqq 0$ der Zustand z erreicht wird, falls der semi-Markovsche Prozeß zum Zeitpunkt Null in $x \in X$ startete. Für

$G_{xz}(s) = \Psi_{x, X\{z\}X}(s)$ ergibt sich dann als Spezialfall von (3.7)

$$G_{xz}(s) = Q_{xz}(s) + \sum_{y \in X \setminus \{z\}} (G_{yz} * Q_{xy})(s).^{1)} \tag{3.12}$$

Für die zugehörigen Momente

$$\mu^{(k)}_{x, X\{z\}X} =: \mu^{(k)}_{xz}, \tag{3.13}$$

d. h. $\mu^{(k)}_{xz} = \int\limits_0^\infty s^k G_{xz}(\mathrm{d}s)$, erhält man das lineare Gleichungssystem

$$\mu^{(k)}_{xz} = \sum_{y \in X \setminus \{z\}} \sum_{r=0}^{k} \binom{k}{r} p_{xy} \nu^{(r)}_{xy} \mu^{(k-r)}_{yz} + p_{xz} \nu^{(k)}_{xz} \quad (x \in X); \tag{3.14}$$

für $k = 0$ bzw. $k = 1$ ergibt sich dann speziell

$$\mu^{(0)}_{xz} = \sum_{y \in X \setminus \{z\}} p_{xy} \mu^{(0)}_{yz} + p_{xz}$$

und

$$\mu^{(1)}_{xz} = \sum_{y \in X \setminus \{z\}} p_{xy} (\mu^{(1)}_{yz} + \mu^{(0)}_{yz} \nu^{(1)}_{xy}) + p_{xz} \nu^{(1)}_{xz}. \tag{3.15}$$

Sind der Zustandsraum X endlich und die eingebettete Markovsche Kette ergodisch (vgl. Anhang A 2), so besitzt (3.14) für jedes $z \in X$ die eindeutige Lösung

$$\mu^{(0)}_{xz} = \lim_{s \to \infty} \Psi_{x, X\{z\}X} = 1 \quad (x, z \in X),$$

und (3.15) hat die Form

$$\mu^{(1)}_{xz} = \sum_{y \in X \setminus \{z\}} p_{xy} \mu^{(1)}_{yz} + \nu_x{}^{(1)}, \quad (x, z \in X), \tag{3.16}$$

wobei $\nu_x{}^{(1)} = \sum_{y \in X} p_{xy} \nu^{(1)}_{xy}$ als mittlere Verweilzeit im Zustand x anzusehen ist. Bezeichnet $\pi = (\pi_x)_{x \in X}$ die stationäre Anfangsverteilung der eingebetteten Markovschen

---

[1]) Für $x \neq z$ ist $G_{xz}(s) = \mathsf{P}(Z_z(s) > 0 \mid X(0) = x)$, und für $x = z$ gilt $G_{xz}(s) = \mathsf{P}(Z_x(s) > 1 \mid X(0) = x)$ (vgl. Unterabschnitt 1.3).

Kette, so ist

$$\mu_{yy}^{(1)} = \frac{1}{\pi_y} \sum_{x \in X} \pi_x \nu_x^{(1)}. \tag{3.17}$$

Diese Beziehung ergibt sich durch einfache Umformung der Gleichung (3.16) in der folgenden Weise:

$$\sum_{x \in X} \pi_x \mu_{xy}^{(1)} = \sum_{x \in X} \sum_{z \in X \setminus \{y\}} \pi_x p_{xz} \mu_{zy}^{(1)} + \sum_{x \in X} \pi_x \nu_x^{(1)},$$

$$\sum_{x \in X \setminus \{y\}} \pi_x \mu_{xy}^{(1)} + \pi_y \mu_{yy}^{(1)} = \sum_{z \in X \setminus \{y\}} \pi_z \mu_{zy}^{(1)} + \sum_{x \in X} \pi_x \nu_x^{(1)},$$

$$\pi_y \mu_{yy}^{(1)} = \sum_{x \in X} \pi_x \nu_x^{(1)}.$$

Wählt man speziell $z = x$, so stellt $\Psi_{x, X\{x\}X}$ die Verteilungsfunktion der (identisch verteilten) Rückkehrzeiten $V_x^{(n)} (n = 1, 2, \ldots)$ (vgl. Satz 1.4) dar, d. h.

$$\Psi_{x, X\{x\}X}(s) = \mathsf{P}(V_x^{(n)} \leqq s) \qquad (s \geqq 0; n = 1, 2, \ldots).$$

Entsprechend Satz 1.4 ist also

$$\Psi_{x, X\{x\}X}(s) = Q_{xx}(s) + \sum_{l=1}^{\infty} \sum_{x_1, \ldots, x_l \in X \setminus \{x\}} (Q_{xx_1} * \ldots * Q_{x_l x})(s)$$

für $s \geqq 0$ und $x \in X$.

c) $A = \{z\}$, $B = \{z'\}$, C beliebig:

In diesem Fall ist

$$\Psi_{x, ABC}(s) = \Psi_{x, \{z\}\{z'\}C}(s) \qquad (x, z, z' \in X; s \geqq 0)$$

die Wahrscheinlichkeit, daß spätestens zum Zeitpunkt $s \geqq 0$ ein Übergang von z nach z' stattfindet, ohne daß vorher C verlassen wurde, falls der semi-Markovsche Prozeß in x startete. Die Gleichung (3.7) hat dann die Form

$$\Psi_{x, \{z\}\{z'\}C}(s) = \begin{cases} \sum_{y \in C \setminus \{z'\}} (\Psi_{y, \{z\}\{z'\}C} * Q_{zy})(s) + Q_{zz'}(s) & \text{für } x = z, \\ \sum_{y \in C} (\Psi_{y, \{z\}\{z'\}C} * Q_{xy})(s) & \text{für } x \in C \setminus \{z\}. \end{cases} \tag{3.18}$$

Wählt man speziell $x = z'$ und $C = X$, so ist

$$\Psi_{x,\{z\}\{z'\}C}(s) = \Psi_{z',\{z\}\{z'\}X}(s) \qquad (s \geqq 0)$$

die Wahrscheinlichkeit, daß spätestens zum Zeitpunkt $s \geqq 0$ ein Übergang von z nach z' stattfindet, falls der semi-Markovsche Prozeß in z' zum Zeitpunkt Null startete; $\Psi_{z',\{z\}\{z'\}X}$ ist also die Verteilungsfunktion der (zeitlichen) Abstände $\tau_{zz'}^{(n)}$ $(n = 1, 2, \ldots)$ zwischen den Übergängen von z nach z', die durch

$$\tau_{zz'}^{(n)} = V_{T_{zz'}^{(n-1)}} + V_{T_{zz'}^{(n-1)}+1} + \ldots + V_{T_{zz'}^{(n)}} \tag{3.19}$$

mit

$$T_{zz'}^{(n)} = \min\{m > T_{zz'}^{(n-1)} : X_{m+1} = z' \quad \text{und} \quad X_m = z\}$$

$$(n = 1, 2, \ldots) \tag{3.20}$$

und

$$T_{zz'}^{(0)} = \min\{m : X_{m+1} = z' \quad \text{und} \quad X_m = z\}$$

definiert werden können.

Für die Momente $\mathsf{E}(\tau_{zz'}^{(n)})^k$, die wir mit $\mu_{z'zz'}^{(k)}$ bezeichnen, gilt dann

$$\mu_{z'zz'}^{(k)} = \mu_{z',\{z\}\{z'\}X}^{(k)}.$$

Sind der Zustandsraum X endlich und die eingebettete Markovkette $(X_n)_{n\in N_0}$ ergodisch, so gilt für $k = 1$ — falls $p_{zz'} > 0$ ist —

$$\mu_{z'zz'}^{(1)} = \frac{1}{\pi_z p_{zz'}} \sum_{y\in X} \pi_y \nu_y^{(1)} \qquad (z', z \in X). \tag{3.21}$$

Dabei ist $(\pi_x)_{x\in X}$ die stationäre Anfangsverteilung von $(X_n)_{n\in N_0}$, d. h. die Lösung des Gleichungssystems

$$\sum_{x\in X} \pi_x p_{xy} = \pi_y \qquad (y \in X).$$

Die Gleichung (3.21) ergibt sich dann ausgehend von (3.10) für $A = \{z\}$, $B = \{z'\}$ und $C = X$ sowie $k = 1$:

$$\mu^{(1)}_{x,\{z\}\{z'\}X} = \begin{cases} \sum\limits_{y \in X \setminus \{z'\}} p_{zy}(\mu^{(1)}_{y,\{z\}\{z'\}X} + \nu^{(1)}_{zy}) + p_{zz'}\nu^{(1)}_{zz'}, & x = z, \\ \sum\limits_{y \in X} p_{xy}(\nu^{(1)}_{xy} + \mu^{(1)}_{y,\{z\}\{z'\}X}), & x \neq z, \end{cases} \tag{3.22}$$

und

$$\begin{aligned} \sum_{x \in X} \pi_x \mu^{(1)}_{x,\{z\}\{z'\}X} &= \sum_{y \in X \setminus \{z'\}} \pi_z p_{zy} \mu^{(1)}_{y,\{z\}\{z'\}X} + \pi_z \nu_z{}^{(1)} \\ &\quad + \sum_{x \in X \setminus \{z\}} \pi_x \sum_{y \in X} p_{xy} \mu^{(1)}_{y,\{z\}\{z'\}X} + \sum_{x \in X \setminus \{z\}} \pi_x \nu_x{}^{(1)} \\ &= \sum_{x \in X} \pi_x \nu_x{}^{(1)} + \sum_{y \in X} \pi_y \mu^{(1)}_{y,\{z\}\{z'\}X} - \pi_z p_{zz'} \mu^{(1)}_{z'zz'}. \end{aligned} \tag{3.23}$$

In analoger Weise erhält man für $k \geqq 2$

$$\mu^{(k)}_{z'zz'} = \frac{1}{\pi_z p_{zz'}} \left[\sum_{r=0}^{k-1} \binom{k}{r} \sum_{\substack{y \in X \\ (y,y') \neq (z,z')}} \sum_{y' \in X} \pi_y p_{yy'} \nu^{(r)}_{yy'} \mu^{(k-r)}_{y',\{z\}\{z'\}X} + \sum_{y \in X} \sum_{y' \in X} \pi_y p_{yy'} \nu^{(k)}_{yy'} \right] \tag{3.24}$$

(vgl. [34)], so daß diese Momente rekursiv ermittelt werden können.

d) $A = C$, B: $A \cap B = \emptyset$, C beliebig:

In diesem Fall ist

$$\Psi_{x,ABC}(s) = \Psi_{x,CBC}(s)$$

die Wahrscheinlichkeit, daß spätestens zum Zeitpunkt $s \geqq 0$ ein Übergang (in die zu A elementfremde Menge B) aus A stattfindet, ohne daß vorher C verlassen wurde, falls der semi-Markovsche Prozeß in $x \in C$ startete.

Das Gleichungssystem (3.7) hat dann die Form

$$\Psi_{x,CBC} = \sum_{y \in C \setminus B} (\Psi_{y,CBC} * Q_{xy})(s) + \sum_{y \in B} Q_{xy}(s) \qquad (x \in C). \tag{3.25}$$

Wählt man speziell $A = C$ und $B = \bar{A}$, so ist

$$\Psi_{x,CBC} = \Psi_{x,A\bar{A}A} \qquad (x \in A)$$

die Verteilungsfunktion der Verweilzeit des semi-Markovschen Prozesses in A unter der Bedingung $X(0) = x$. Für die zugehörigen Momente $\mu_{x,A}^{(k)} = \mu_{x,A\bar{A}A}^{(k)}$ erhält man in diesem Spezialfall, falls $\sum_{y \in \bar{A}} p_{xy} > 0$ für alle $x \in A$ ist[1]), ausgehend von (3.10)

$$\mu_{x,A}^{(0)} = \sum_{y \in A} p_{xy}\mu_{y,A}^{(0)} + \sum_{y \in \bar{A}} p_{xy} = 1 \qquad (x \in A)$$

und für $k \geqq 1$

$$\mu_{x,A}^{(k)} = \sum_{y \in A} p_{xy}\mu_{y,A}^{(k)} + \sum_{r=1}^{k-1} \binom{k}{r} \sum_{y \in A} p_{xy}\nu_{xy}^{(r)}\mu_{y,A}^{(k-r)} + \nu_x^{(k)}. \tag{3.26}$$

3.4. Ausgehend von den im Unterabschnitt 1.3 eingeführten Zählprozessen $Z_x(t) = \sum_{k=0}^{\tau(t)} \delta_{X_k x}$ (1.18) betrachten wir nun Erneuerungsgleichungen für charakteristische Größen der in einem semi-Markovschen Prozeß eingebetteten Erneuerungsprozesse (vgl. Satz 1.4). Dabei gibt die Zufallsgröße

$$\tilde{Z}_x(t) = \sum_{k=1}^{\tau(t)} \delta_{X_k x}, \quad \text{d. h.} \tag{1.18'}$$

$$\tilde{Z}_x(t) = \begin{cases} Z_x(t), & \text{falls} \quad X_0 \neq x, \\ Z_x(t) - 1, & \text{falls} \quad X_0 = x, \end{cases}$$

---

[1]) Diese Bedingung kann durch die Voraussetzung ersetzt werden, daß es zu jedem $x \in A$ und $y \in \bar{A}$ ein $n = n(x, y)$ gibt mit $p_{xy}^{(n)} > 0$, also jeder Zustand $y \in \bar{A}$ von jedem Zustand $x \in A$ erreichbar ist (vgl. [7]).

an, wie oft der semi-Markovsche Prozeß $X((t))_{t\in[0,\infty)}$ bis zur Zeit $t \geqq 0$ den Zustand y erreicht. (Der Anfangszustand wird dabei hier nicht mitgezählt.) Die Zufallsgröße $\tilde{Z}_x(t)$ heißt in diesem Zusammenhang auch die Anzahl der x-Erneuerungen des Zustandes x bis zum Zeitpunkt $t \geqq 0$.

Für die Wahrscheinlichkeiten $G_{xy}(s)$ $(x, y \in X; s \geqq 0)$, daß der semi-Markovsche Prozeß $(X(t))_{t\in[0,\infty)}$ bis zum Zeitpunkt $s \geqq 0$ den Zustand y erreichte, falls er im Zustand x zum Zeitpunkt Null startete, d. h.

$$G_{xy}(s) = \mathsf{P}(\tilde{Z}_y(s) > 0 \mid X(0) = x), \tag{1.27''}$$

ergaben sich als Folgerung aus der Gleichung (3.7) (vgl. Unterabschnitt 3.3) die folgenden Erneuerungsgleichungen

$$G_{xz}(s) = Q_{xz}(s) + \sum_{y\in X\setminus\{y\}} (G_{yz} * Q_{xy})(s) \tag{3.12}$$

für $x, z \in X$ und $s \geqq 0$. Darüber hinaus erhält man auch für die Wahrscheinlichkeiten, daß bis zum Zeitpunkt $s \geqq 0$ eine bestimmte Anzahl von Erneuerungen eines Zustandes erfolgte, ein System von Erneuerungsgleichungen.

Satz 3.3. *Für $x, y \in X$, $k \in N_0$ und $s \geqq 0$ sei*

$$H_{xy}^{(k)}(s) = \mathsf{P}(\tilde{Z}_y(s) = k \mid X(0) = x). \tag{3.27}$$

Dann gilt

$$H_{xy}^{(k)}(s) = \sum_{z\in X\setminus\{y\}} (H_{zy}^{(k)} * Q_{xz})(s) + (H_{yy}^{(k-1)} * Q_{xy})(s) \tag{3.28}$$

für $k = 1, 2, \ldots$ und

$$H_{xy}^{(0)}(s) = \sum_{z\in X\setminus\{y\}} (H_{zy}^{(0)} * Q_{xz})(s) + 1 - \sum_{z\in X} Q_{xz}(s). \tag{3.29}$$

Beweis: Für $k = 1, 2, \ldots$ erhält man die Behauptung auf Grund der (schon mehrfach herangezogenen) Erneuerungseigenschaft eines semi-Markovschen Prozesses,

d. h.

$$\begin{aligned}\mathsf{P}(X_{n+1} = y, V_n \leqq t \mid X_n = x) \\ = \mathsf{P}(X_2 = y, V_1 \leqq t \mid X_1 = x)\end{aligned}$$

$(n = 1, 2, \ldots; x, y \in X; t \geqq 0)$, in der folgenden Weise:

$$\begin{aligned}
\mathsf{P}\big(\tilde{Z}_y(s) = k \mid X(0) = x\big) &= \mathsf{P}\left(\sum_{l=1}^{\tau(s)} \delta_{X_l y} = k \mid X_0 = x\right) \\
&= \sum_{z \in X\setminus\{y\}} \int_0^s \mathsf{P}\left(\sum_{l=2}^{\tau(s-s')+1} \delta_{X_l y} = k \mid X_1 = z\right) \\
&\quad \times \mathsf{P}(X_1 = z, s' < V_0 \leqq s' + \mathrm{d}s' \mid X_0 = x) \\
&\quad + \int_0^s \mathsf{P}\left(\sum_{l=2}^{\tau(s-s')+1} \delta_{X_l y} = k - 1 \mid X_1 = y\right) \\
&\quad \times \mathsf{P}(X_1 = y, s' < V_0 \leqq s' + \mathrm{d}s' \mid X_0 = x) \\
&= \sum_{z \in X\setminus\{y\}} \int_0^s H_{zy}^{(k)}(s - s')\, Q_{xz}(\mathrm{d}s') \\
&\quad + \int_0^s H_{yy}^{(k-1)}(s - s')\, Q_{xy}(\mathrm{d}s').
\end{aligned}$$

Ist $k = 0$, so ergibt sich für $x, y \in X$ und $s \geqq 0$

$$\begin{aligned}
H_{xy}^{(0)} &= \mathsf{P}\big(\tilde{Z}_y(s) = 0 \mid X(0) = 0\big) \\
&= \mathsf{P}\left(\sum_{l=1}^{\tau(s)} \delta_{X_l y} = 0 \mid X_0 = x\right) \\
&= \sum_{z \in X\setminus\{y\}} \int_0^s \mathsf{P}\left(\sum_{l=2}^{\tau(s-s')+1} \delta_{X_l y} = 0 \mid X_1 = z\right) \\
&\quad \times \mathsf{P}(X_1 = z, s' < V_0 \leqq s' + \mathrm{d}s' \mid X_0 = x) \\
&\quad + \mathsf{P}(V_0 > s \mid X_0 = x) \\
&= \sum_{z \in X\setminus\{y\}} (H_{zy}^{(0)} * Q_{xz})(s) + 1 - \sum_{z \in X} Q_{xz}(s). \quad \blacksquare
\end{aligned}$$

Mit Hilfe einer analogen Überlegung erhält man auch den

Satz 3.4. *Die Wahrscheinlichkeitsverteilungen der Zählprozesse* $(\tilde{Z}_y(s))_{s\in[0,\infty)}$ $(y \in X)$ *eines semi-Markovschen Prozesses genügen den Beziehungen*

$$H_{xy}^{(k)}(s) = \begin{cases} (H_{yy}^{(k-1)} * G_{xy})(s) & \text{für} \quad k = 1, 2, \ldots, \\ 1 - G_{xy}(s) & \text{für} \quad k = 0 \end{cases} \tag{3.30}$$

$(x, y \in X; s \geqq 0)$, *und es gilt — daraus folgend —*

$$H_{xy}^{(k)}(s) = \begin{cases} \big(G_{xy} * G_{yy}^{*(k-1)} * (1 - G_{yy})\big)(s) & \text{für} \quad k = 1, 2, \ldots, \\ 1 - G_{xy}(s) & \text{für} \quad k = 0 \end{cases}$$

$(x, y \in X; s \geqq 0)$. (3.31)

Schließlich betrachten wir nun die Erneuerungsfunktionen R_{xy}:

$$R_{xy}(s) = \mathsf{E}\big(\tilde{Z}_y(s) \mid X(0) = x\big) \quad (x, y \in X; s \geqq 0) \tag{3.32}$$

der in einem semi-Markovschen Prozeß eingebetteten Erneuerungsprozesse. Für diese Erneuerungsfunktionen, die die mittlere Anzahl von Erneuerungen, d. h. die mittlere Anzahl des Erreichens eines Zustandes, bis zu einem Zeitpunkt beschreiben, erhält man ausgehend von den Sätzen 3.3 und 3.4 die folgenden Erneuerungsgleichungen.

Satz 3.5. *Für die Erneuerungsfunktionen* $R_{xy}(s)$, $(x, y \in X;$ $s \geqq 0)$ *gilt*

$$R_{xy}(s) = \sum_{z\in X} (R_{zy} * Q_{xz})(s) + Q_{xy}(s) \tag{3.33}$$

und

$$R_{xy}(s) = G_{xy}(s) + (G_{xy} * R_{yy})(s). \tag{3.34}$$

Beweis: zu (3.33): Es bezeichne

$$v_{xy}(s; \tau) = \mathsf{E}(\mathrm{e}^{-\tau \tilde{Z}_y(s)} \mid X(0) = x), \qquad (\tau \geqq 0)$$

d. h., $v_{xy}(s;\tau)$ ist die Laplace-Stieltjes-Transformierte

$$\sum_{l=0}^{\infty} \mathrm{e}^{-\tau l}\, \mathsf{P}\big(\tilde{Z}_y(s) = l \mid X(0) = x\big) = \sum_{l=0}^{\infty} \mathrm{e}^{-\tau l} H_{xy}^{(l)}(s)$$

von $H_{xy}^{(l)}(s)$ bez. l. Ausgehend von Satz 3.3 erhält man dann für $v_{xy}(s;\tau)$ die folgende Beziehung:

$$\begin{aligned} v_{xy}(s;\tau) = &\sum_{z\in X\setminus\{y\}} \left(\sum_{l=1}^{\infty} \mathrm{e}^{\tau l} H_{zy}^{(l)} * Q_{xz}\right)(s) \\ &+ \left(\sum_{l=1}^{\infty} \mathrm{e}^{-\tau l} H_{yy}^{(l-1)} * Q_{xy}\right)(s) \\ &+ \sum_{z\in X\setminus\{y\}} (H_{zy}^{(0)} * Q_{xz})(s) + 1 - \sum_{z\in X} Q_{xz}(s). \end{aligned}$$

Also ist

$$\begin{aligned} v_{xy}(s;\tau) = &\sum_{z\in X\setminus\{y\}} \big(v_{zy}(.\,;\tau) * Q_{xz}\big)(s) \\ &= \mathrm{e}^{-\tau}\big(v_{yy}(.\,;\tau) * Q_{xy}\big)(s) + 1 - \sum_{z\in X} Q_{xz}(s), \end{aligned}$$

und auf Grund von

$$R_{xy}(s) = -\left.\frac{\partial v_{xy}(s;\tau)}{\partial\tau}\right|_{\tau=0} \quad \text{und} \quad v_{xy}(s;0) = 1$$

ergibt sich die Behauptung (3.33).

Zu (3.34): Entsprechend der im Satz 3.4 angegebenen Beziehung

$$H_{xy}^{(k)}(s) = \begin{cases} (H_{yy}^{(k-1)} * G_{xy})(s) & \text{für} \quad k = 1, 2, \ldots, \\ 1 - G_{xy}(s) & \text{für} \quad k = 0 \end{cases} \tag{3.30}$$

erhält man für $v_{xy}(s;\tau)$ die Gleichung

$$\begin{aligned} v_{xy}(s;\tau) &= \sum_{l=0}^{\infty} \mathrm{e}^{-\tau l} H_{xy}^{(l)}(s) \\ &= 1 - G_{xy}(s) + \sum_{l=1}^{\infty} \mathrm{e}^{-\tau l}\big(H_{yy}^{(l-1)} * G_{xy}\big)(s) \end{aligned}$$

$$= 1 - G_{xy}(s) + e^{-\tau} \left(\sum_{l=0}^{\infty} e^{-\tau l} H_{yy}^{(l)} * G_{xy} \right)(s)$$

$$= 1 - G_{xy}(s) + e^{-\tau} \left(v_{yy}(.\,; \tau) * G_{xy} \right)(s).$$

Davon ausgehend erhält man in analoger Weise die unter (3.34) angegebene Beziehung. ∎

Wir bemerken noch, daß man mit Hilfe der Gleichung

$$v_{xy}(s; \tau) = 1 - G_{xy}(s) + e^{-\tau} \left(v_{yy}(.\,; \tau) * G_{xy} \right)(s)$$

auch die höheren (bedingten) Momente

$$R_{xy}^{(k)}(s) = \mathsf{E}\left(\tilde{Z}_y{}^k(s) \mid X(0) = x \right) \qquad (k = 2, 3, \ldots) \quad (3.35)$$

der Zählprozesse wegen $R_{xy}^{(k)}(s) = (-1)^k \left. \frac{\partial^{(k)} v_{xy}(s; \tau)}{\partial \tau^k} \right|_{\tau=0}$ erhalten kann. So ergibt sich z. B. für $k = 2$ auf Grund von

$$\frac{\partial^2 v_{xy}(s; \tau)}{\partial \tau^2} = e^{-\tau} \left(v_{yy}(.\,; \tau) * G_{xy} \right)(s) - 2e^{-\tau} \left(\frac{\partial v_{yy}(.\,; \tau)}{\partial \tau} * G_{xy} \right)(s) + e^{-\tau} \left(\frac{\partial^2 v_{yy}(.\,; \tau)}{\partial \tau^2} * G_{xy} \right)(s)$$

$$R_{xy}^{(2)}(s) = G_{xy}(s) - 2(R_{yy} * G_{xy})(s) + R_{yy}^{(2)}(s). \quad (3.36)$$

Im Falle eines endlichen Zustandsraumes X kann außerdem mit Hilfe der Aussage (3.33) von Satz 3.5 zwischen einem semi-Markovschen Prozeß und den eingebetteten Erneuerungsprozessen ein eineindeutiger Zusammenhang in der folgenden Weise hergestellt werden. Bildet man nämlich die Laplace-Transformierte der Erneuerungsfunktion R_{xy}, so ergibt sich nach Satz 3.5

$$\int_0^\infty e^{-st} R_{xy}(t)\, dt = \sum_{z \in X} \int_0^\infty e^{-st} Q_{xz}(t)\, dt \cdot \int_0^\infty e^{-st} R_{zy}(dt) + \int_0^\infty e^{-st} Q_{xy}(t)\, dt$$

und (vgl. Anhang A 3)

$$\int_0^\infty e^{-st} R_{xy}(dt) = \sum_{z \in X} \int_0^\infty e^{-st} Q_{xz}(dt) \cdot \int_0^\infty e^{-st} R_{zy}(dt) + \int_0^\infty e^{-st} Q_{xy}(dt).$$

Bezeichne nun

$$\mathfrak{R} = (\mathfrak{r}_{xy})_{x,y \in X} \quad \text{mit} \quad \mathfrak{r}_{xy}(s) = \int_0^\infty e^{-st} R_{xy}(dt), \quad x, y \in X,$$

und

$$\mathfrak{Q} = (\mathfrak{q}_{xy})_{x,y \in X} \quad \text{mit} \quad \mathfrak{q}_{xy}(s) = \int_0^\infty e^{-st} Q_{xy}(dt).$$

Dann erhält man die Matrixgleichung

$$\mathfrak{R}(s) = \mathfrak{Q}(s) + \mathfrak{Q}(s) \cdot \mathfrak{R}(s), \tag{3.37}$$

d. h., es gilt

$$\boldsymbol{E} + \mathfrak{R}(s) - \mathfrak{Q}(s)\,(\boldsymbol{E} + \mathfrak{R}(s)) = \boldsymbol{E}.$$[1]

Damit ist für einen endlichen Zustandsraum die folgende Aussage bewiesen:

Folgerung 3.1. *Eine semi-Markov-Matrix*

$$\boldsymbol{Q}(t) = \big(Q_{xy}(t)\big)_{x,y \in X} \qquad (t \geqq 0)$$

ist eindeutig durch die Matrix der Erneuerungsfunktionen

$$\boldsymbol{R}(t) = \big(R_{xy}(t)\big)_{x,y \in X}$$

bestimmt; dabei gilt

$$\mathfrak{Q}(s) = \boldsymbol{E} - \big(\boldsymbol{E} + \mathfrak{R}(s)\big)^{-1} \qquad (s \geqq 0) \tag{3.38}$$

bzw.

$$\mathfrak{R}(s) = \big(\boldsymbol{E} - \mathfrak{Q}(s)\big)^{-1} - \boldsymbol{E} \qquad (s \geqq 0). \tag{3.39}$$

---

[1]) $\boldsymbol{E}$ ist die Einheitsmatrix.

4. Asymptotisches Verhalten semi-Markovscher Prozesse

Das asymptotische Verhalten von semi-Markovschen Prozessen sowie ihre mögliche Stationarität sind Gegenstand der folgenden Überlegungen. Zur Charakterisierung dieses asymptotischen Verhaltens können dabei sowohl die Erneuerungsfunktionen der eingebetteten Erneuerungsprozesse als auch Übergangsfunktionen und mittlere Aufenthaltszeiten des semi-Markovschen Prozesses selbst herangezogen werden. Im Zusammenhang damit erweist sich die Frage nach der Stationarität eines semi-Markovschen Prozesses von besonderem Interesse. Sie läßt — wie im folgenden gezeigt wird — eine Modifikation der eingangs angegebenen Definition eines semi-Markovschen Prozesses sinnvoll erscheinen.

4.1. Für einen semi-Markovschen Prozeß $X\big((t)\big)_{t\in[0,\infty)}$ betrachten wir neben den Zählprozessen $\tilde{Z}_x(s) = \sum_{l=1}^{\tau(s)} \delta_{X_l x}$ $(x \in X,\ s \geqq 0)$ die sogenannten y-bedingten Zählprozesse

$$\tilde{Z}_{x[y]}(s) = \sum_{l=1}^{\tau(s[y])} \delta_{X_l x} \qquad (x, y \in X,\ s \geqq 0) \tag{4.1}$$

mit

$$s[y] = \min\big(s, \inf\{t\colon \tilde{Z}_y(t) > 0\}\big). \tag{4.2}$$

Die Zufallsgröße $\tilde{Z}_{x[y]}(s)$ gibt also an, wie oft der semi-Markovsche Prozeß den Zustand x bis zum Zeitpunkt des ersten Erreichens von y — spätestens aber bis zum Zeitpunkt s — annimmt (vgl. Abb. 5). Bezeichnet nun (vgl. Unterabschnitt 1.4)

$$G_{xy}(s) = \mathsf{P}\big(\tilde{Z}_y(s) > 0 \mid X(0) = x\big) \quad (x, y \in X,\ s \geqq 0) \tag{1.27''}$$

die bedingte Wahrscheinlichkeit, daß bis zum Zeitpunkt s mindestens ein Übergang nach y stattfindet, und

$$R_{xy[z]}(s) = \mathsf{E}\big(\tilde{Z}_{y[z]}(s) \mid X(0) = x\big) \ (x, y, z \in X,\ s \geqq 0) \tag{4.3}$$

die mittlere Anzahl von z-bedingten Erneuerungen von y, so erhält man den folgenden

Satz 4.1. *Für beliebige Zustände $x, y \in X$ mit $x \neq y$ gilt*

$$\lim_{t\to\infty} \frac{R_{xy}(t)}{R_{yy}(t) + 1} = \lim_{t\to\infty} G_{xy}(t) \quad (x, y \in X) \tag{4.4}$$

und

$$\lim_{t\to\infty} \frac{R_{xy}(t)}{R_{xx}(t) + 1} = \lim_{t\to\infty} R_{xy[x]}(t) \quad (x, y \in X). \tag{4.5}$$

Beweis: Entsprechend Satz 3.5 ist für $x, y \in X$

$$\begin{aligned} R_{xy}(t) &= G_{xy}(t) + (G_{xy} * R_{yy})(t) \quad (t \geqq 0) \\ &= \big(G_{xy} * (R_{yy} + 1)\big)(t). \end{aligned} \tag{3.34}$$

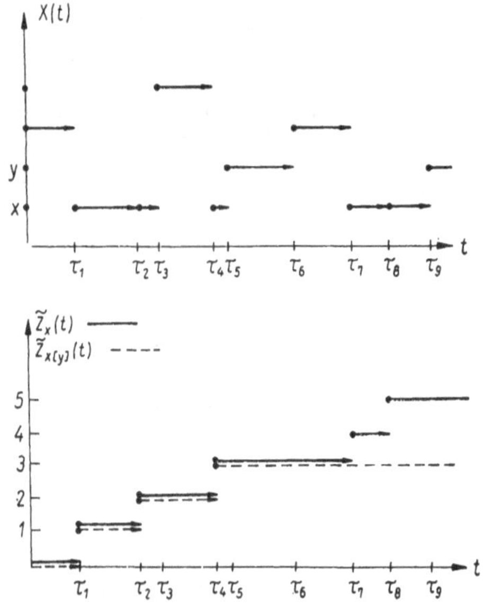

Abb. 5

Ist y transient, so gilt $\lim_{t\to\infty} G_{yy}(t) < 1$ (vgl. Anhang A 4, Lemma (A 2)). Ausgehend von

$$R_{yy}(t) = G_{yy}(t) + (G_{yy} * R_{yy})(t)$$

ergibt sich

$$\lim_{t\to\infty} R_{yy}(t) = \lim_{t\to\infty} G_{yy}(t) + \lim_{t\to\infty} G_{yy}(t) \cdot \lim_{t\to\infty} R_{yy}(t)$$

d. h.

$$\lim_{t\to\infty} R_{yy}(t) = \frac{\lim_{t\to\infty} G_{yy}(t)}{1 - \lim_{t\to\infty} G_{yy}(t)} < \infty .$$

Also genügt $R_{yy} + 1$ den Voraussetzungen des Lemmas (A 1) (im Falle eines rekurrenten Zustandes y auf Grund des Blackwellschen Erneuerungssatzes). Man erhält folglich

$$\lim_{t\to\infty} \frac{R_{xy}(t)}{R_{yy}(t) + 1} = \lim_{t\to\infty} \frac{\big(G_{xy} * (R_{yy} + 1)\big)(t)}{R_{yy}(t) + 1} = \lim_{t\to\infty} G_{xy}(t) .$$

Bezüglich des Beweises von (4.5) sei auf die Originalliteratur [18] verwiesen, da dieser Beweis recht aufwendig ist, ohne inhaltlich neue Gesichtspunkte zu bringen. ∎

Wir bemerken noch, daß die Gleichung (4.4) in Satz 4.1 für zwei Zustände $x, y \in X$ $(x \neq y)$ in der Form

$$\lim_{t\to\infty} \frac{\mathsf{E}\left(\sum_{l=0}^{\tau(t)} \delta_{X_l y} \mid X_0 = x\right)}{\mathsf{E}\left(\sum_{l=0}^{\tau(t)} \delta_{X_l y} \mid X_0 = y\right)} = \lim_{t\to\infty} \mathsf{P}\left(\sum_{l=0}^{\tau(t)} \delta_{X_l y} > 0 \mid X_0 = x\right). \tag{4.4'}$$

angegeben werden kann, d. h., das Verhältnis der mittleren Anzahl von Erneuerungen von y bis zum Zeitpunkt t, falls der semi-Markovsche Prozeß in x bzw. y startet, ist asymptotisch gleich der Wahrscheinlichkeit, daß bis zum Zeitpunkt t mindestens ein Übergang vom Startzustand x nach y stattfindet.

4.2. Neben der mittleren Anzahl von Erneuerungen von Zuständen bis zu einem Zeitpunkt kann das asymptotische Verhalten eines semi-Markovschen Prozesses auch bez. der mittleren Verweilzeiten in seinen Zuständen beschrieben werden.

Die mittlere Verweilzeit im Zustand y bis zur Zeit t unter der Bedingung, daß der semi-Markovsche Prozeß zum Zeitpunkt Null im Zustand x startete, ist dabei durch

$$\overline{\Phi}_{xy}(t) = \mathsf{E}\left(\int_0^t \delta_{X(s)y}\, \mathrm{d}s \mid X_0 = x\right) \tag{4.6}$$

gegeben (vgl. Abb. 6).

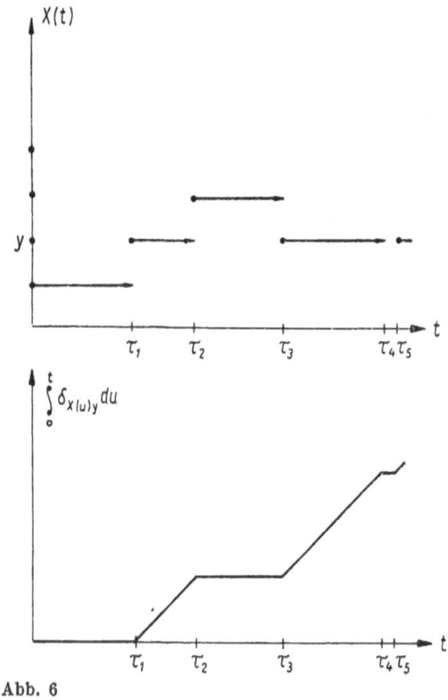

Abb. 6

Wegen

$$\int_0^t \mathsf{E}(\delta_{X(s)y} \mid X_0 = x)\,\mathrm{d}s = \int_0^t \mathsf{P}\big(X(s) = y \mid X_0 = x\big)\,\mathrm{d}s$$

für $t \geqq 0$ und $x, y \in X$ ergibt sich unmittelbar

$$\bar{\Phi}_{xy}(t) = \int_0^t \Phi_{xy}(s)\,\mathrm{d}s \tag{4.7}$$

mit $\Phi_{xy}(s) = \mathsf{P}\big(X(s) = y \mid X_0 = x\big)$ (vgl. Unterabschnitt 3.1, (3.2)). Für die mittleren Aufenthaltszeiten $\bar{\Phi}_{xy}(t)$ erhält man auf Grund von

$$\begin{aligned}
\Phi_{xy}(s) = \int_0^s & \mathsf{P}\big(X(s) = y \mid X(s') = y\big) \times \\
& \mathsf{P}\big(Z_y(s' + \mathrm{d}s') - Z_y(s') > 0 \mid X_0 = x\big) \\
& + \delta_{xy}\Big(1 - \sum_{y \in X} Q_{xy}(s)\Big) \\
= \int_0^s & \mathsf{P}\big(X(s - s') = y \mid X_0 = y\big)\, G_{xy}(\mathrm{d}s') \\
& + \delta_{xy}\Big(1 - \sum_{y \in X} Q_{xy}(s)\Big) \\
= (\Phi_{yy} & * G_{xy})(s) + \delta_{xy}\big(1 - P_x(s)\big)
\end{aligned} \tag{4.8}$$

für $x \neq y$ die Beziehungen

$$\begin{aligned}
\bar{\Phi}_{xy}(t) &= \int_0^t \Phi_{xy}(s)\,\mathrm{d}s \\
&= \int_0^t (\Phi_{yy} * G_{xy})(s)\,\mathrm{d}s \\
&= \int_0^t \int_0^s \Phi_{yy}(s - s')\, G_{xy}(\mathrm{d}s')\,\mathrm{d}s,
\end{aligned}$$

d. h.

$$\bar{\Phi}_{xy}(t) = (\bar{\Phi}_{yy} * G_{xy})(t) \tag{4.9}$$

für $t \geqq 0$.

Davon ausgehend ergibt sich nun der folgende

Satz 4.2. *Für beliebige Zustände $x, y \in X$ mit $x \neq y$ gilt*

a) $$\lim_{t\to\infty} \frac{\overline{\Phi}_{xy}(t)}{\overline{\Phi}_{yy}(t)} = \lim_{t\to\infty} G_{xy}(t) \tag{4.10}$$

und, falls die mittlere Verweilzeit $\nu_x^{(1)}$ im Zustand x endlich ist,

b) $$\lim_{t\to\infty} \frac{\overline{\Phi}_{xy}(t)}{\overline{\Phi}_{xx}(t)} = \frac{\nu_y^{(1)}}{\nu_x^{(1)}} \lim_{t\to\infty} R_{xy[x]}(t). \tag{4.11}$$

Beweis: zu a): Wegen

$$\overline{\Phi}_{yy}(t) = \mathsf{E}\left(\int_0^t \delta_{X(s)y}\, \mathrm{d}s \mid X_0 = y\right)$$

$$\geqq \mathsf{E}\big(\min(V_0, t) \mid X_0 = y\big) > 0 \qquad (t > 0)$$

ist der Quotient $\dfrac{\overline{\Phi}_{xy}(t)}{\overline{\Phi}_{yy}(t)}$ für alle $t > 0$ endlich.

Ausgehend von (4.9) ergibt sich unter Verwendung von Lemma (A 1) (vgl. Anhang A 4)

$$\lim_{t\to\infty} \frac{\overline{\Phi}_{xy}(t)}{\overline{\Phi}_{yy}(t)} = \lim_{t\to\infty} \frac{(\overline{\Phi}_{yy} * G_{xy})\ (t)}{\overline{\Phi}_{yy}(t)} = \lim_{t\to\infty} G_{xy}(t). \tag{4.4}$$

Bezüglich des Beweises von (4.5) sei auf die Originalliteratur [18] verwiesen. ∎

Aus den Sätzen 4.1 und 4.2 folgt

$$\lim_{t\to\infty} \frac{\mathsf{E}\left(\sum_{l=0}^{\tau(t)} \delta_{X_l y} \mid X_0 = x\right)}{\mathsf{E}\left(\sum_{l=0}^{\tau(t)} \delta_{X_l y} \mid X_0 = y\right)} = \lim_{t\to\infty} \frac{\mathsf{E}\left(\int_0^t \delta_{X(s)y}\, \mathrm{d}s \mid X_0 = x\right)}{\mathsf{E}\left(\int_0^t \delta_{X(s)y}\, \mathrm{d}s \mid X_0 = y\right)} \tag{4.10'}$$

und

$$\lim_{t\to\infty} \frac{\mathsf{E}\left(\sum_{l=0}^{\tau(t)} \delta_{X_l y} \mid X_0 = x\right)}{\mathsf{E}\left(\sum_{l=0}^{\tau(t)} \delta_{X_l x} \mid X_0 = x\right)}$$

$$= \lim_{t\to\infty} \frac{\mathsf{E}\left(\frac{1}{\nu_y^{(1)}} \int_0^t \delta_{X(s)y}\, \mathrm{d}s \mid X_0 = x\right)}{\mathsf{E}\left(\frac{1}{\nu_x^{(1)}} \int_0^t \delta_{X(s)x}\, \mathrm{d}s \mid X_0 = x\right)}. \qquad (4.11')$$

Das Verhältnis der mittleren Anzahl von Erneuerungen von y bis zum Zeitpunkt t, falls der semi-Markovsche Prozeß in x bzw. y startet, ist also asymptotisch gleich dem Verhältnis der mittleren Verweilzeit in y bis zum Zeitpunkt t bei Start in x bzw. y (4.10). Das Verhältnis der mittleren Anzahl von y- bzw. x-Erneuerungen bis zum Zeitpunkt t (bei Start in x) ist asymptotisch gleich dem Verhältnis der mittleren relativen Verweilzeiten $\frac{1}{\nu_y^{(1)}} \int_0^t \delta_{X(s)y}\, \mathrm{d}s$ und $\frac{1}{\nu_x^{(1)}} \int_0^t \delta_{X(s)x}\, \mathrm{d}s$ (bei Start in x).

Abschließend sei noch bemerkt, daß ein Zustand $x \in X$ mit $\nu_x^{(1)} < \infty$ genau dann rekurrent ist, falls

$$\lim_{t\to\infty} \overline{\Phi}_{xx}(t) = \infty$$

ist. Dieser Sachverhalt ergibt sich aus (4.8) als eine unmittelbare

Folgerung 4.1. *Falls die mittlere Verweilzeit $\nu_x^{(1)}$ eines semi-Markovschen Prozesses im Zustand $x \in X$ endlich ist,* *so gilt*

$$\lim_{t\to\infty} G_{xx}(t) = 1 - \frac{\nu_x^{(1)}}{\lim\limits_{t\to\infty} \overline{\Phi}_{xx}(t)}. \tag{4.12}$$

Beweis: Bezeichne für $x, y \in X$ und $s \geqq 0$

$$\varphi_{xy}(s) = \int_0^\infty e^{-st} \Phi_{xy}(dt),$$

$$g_{xy}(s) = \int_0^\infty e^{-st} G_{xy}(dt)$$

sowie

$$p_x(s) = \int_0^\infty e^{-st} P_x(dt).$$

Dann gilt einerseits

$$\lim_{s\downarrow 0} \frac{\varphi_{xx}(s)}{s} = \lim_{s\downarrow 0} \int_0^\infty e^{-st} \Phi_{xx}(t)\, dt = \int_0^\infty \Phi_{xx}(t)\, dt$$
$$= \lim_{t\to\infty} \overline{\Phi}_{xx}(t)$$

und andererseits

$$\lim_{s\downarrow 0} \frac{\varphi_{xx}(s)}{s} = \lim_{s\downarrow 0} \frac{1 - p_x(s)}{s} \frac{1}{1 - g_{xx}(s)},$$

denn nach (4.8) ist

$$\varphi_{xy}(s) = \varphi_{yy}(s) \cdot g_{xy}(s) + \delta_{xy}\big(1 - p_x(s)\big).$$

Die Behauptung ergibt sich nun auf Grund von

$$\lim_{s\downarrow 0} g_{xx}(s) = \lim_{t\to\infty} G_{xx}(t)$$

und

$$\lim_{s\downarrow 0} \frac{1 - p_x(s)}{s} = \lim_{s\downarrow 0} \frac{1 - \sum\limits_{y\in X} \int_0^\infty e^{-st} Q_{xy}(dt)}{s}$$

$$= \lim_{s \downarrow 0} \sum_{y \in X} \int_0^\infty \frac{1 - e^{-st}}{s} Q_{xy}(dt)$$
$$= \nu_x^{(1)}.$$

4.3. Im folgenden betrachten wir die Wahrscheinlichkeiten von Übergängen eines semi-Markovschen Prozesses mit endlichem Zustandsraum X in einer bestimmten Zeitspanne und deren asymptotisches Verhalten. Dies gestattet im weiteren, dann Aussagen über die Stationarität des semi-Markovschen Prozesses zu machen und eine stationäre Anfangsverteilung anzugeben. Zu diesem Zwecke definiert man $R_{xyz}(t; s)$, $(x, y, z \in X; t, s \geqq 0)$, als die Wahrscheinlichkeit, daß sich der semi-Markovsche Prozeß $\big(X(t)\big)_{t \in [0,\infty)}$ zum Zeitpunkt t im Zustand y befindet, der nächste Übergang innerhalb der Zeitspanne s stattfindet und zum Zustand z führt, falls der Prozeß zum Zeitpunkt Null in x startete, d. h.

$$R_{xyz}(t; s) = \mathsf{P}(X_{\tau(t)+1} = z, X(t) = y, \tau_{\tau(t)+1} \leqq t + s \mid X_0 = x). \tag{4.13}$$

Für diese Wahrscheinlichkeiten ergibt sich dann unmittelbar

$$R_{xyz}(t; s) = \sum_{n=0}^{\infty} \mathsf{P}(X_{n+1} = z, X_n = y, \tau_n \leqq t < \tau_{n+1} \leqq t + s \mid X_0 = x) \tag{4.14}$$

für $x, y, z \in X$ und $t, s \geqq 0$. Davon ausgehend erhält man das folgende

Lemma 4.1. *Für $x, y, z \in X$ und $t, s \geqq 0$ gilt*

$$R_{xyz}(t; s) = \sum_{n=0}^{\infty} (\Delta_s Q_{yz} * Q_{xy}^{(n)})(t) \tag{4.15}$$

mit

$$(\Delta_s Q_{yz})(t) = Q_{yz}(t + s) - Q_{yz}(t) \tag{4.16}$$

und

$$Q_{xy}^{(0)}(t) = \delta_{xy} U_0(t) = \begin{cases} 0, & t < 0, \\ \delta_{xy}, & t \geqq 0 \end{cases} \tag{4.17}$$

sowie

$$Q_{xy}^{(n)}(t) = \sum_{z \in X} (Q_{xz}^{(n-1)} * Q_{zy})(t) \qquad (n = 1, 2, \ldots) \tag{1.16'}$$

Beweis: Für $n = 0$ ist

$$\begin{aligned} &\mathsf{P}(X_1 = z, X_0 = y, \tau_0 \leqq t < \tau_1 \leqq t + s \mid X_0 = x) \\ &= \begin{cases} 0, & x \neq y, \\ \mathsf{P}(X_1 = z, t < V_0 \leqq t + s \mid X_0 = x), & x = y, \end{cases} \\ &= (\varDelta_s Q_{yz} * \delta_{xy} U_0)(t) = (\varDelta_s Q_{yz} * Q_{xy}^{(0)})(t), \end{aligned}$$

während man unter Berücksichtigung von $\tau_n = \tau_{n-1} + V_{n-1}$ für $n = 1, 2, \ldots$ die folgende Beziehung erhält:

$$\begin{aligned} &\mathsf{P}(X_{n+1} = z, X_n = y, \tau_n \leqq t < \tau_{n+1} \leqq t + s \mid X_0 = x) \\ &= \int_0^t \mathsf{P}(X_{n+1} = z, t < V_n + t' \leqq t + s \mid X_n = y) \\ &\quad \times \mathsf{P}(X_n = y, t' < \tau_n \leqq t' + \mathrm{d}t' \mid X_0 = x) \\ &= \int_0^t \mathsf{P}(X_{n+1} = z, t - t' < V_n \leqq t - t' + s \mid X_n = y) \\ &\quad \times \mathsf{P}(X_n = y, t' < \tau_n \leqq t' + \mathrm{d}t' \mid X_0 = x). \end{aligned}$$

Auf Grund von

$$\mathsf{P}(X_n = y, \tau_n \leqq s \mid X_0 = x) = Q_{xy}^{(n)}(s) \qquad (s > 0)$$

(vgl. Unterabschnitt 1.3) ergibt sich dann

$$\begin{aligned} &\mathsf{P}(X_{n+1} = z, X_n = y, \tau_n \leqq t < \tau_{n+1} \leqq t + s \mid X_0 = x) \\ &= \int_0^t \big(Q_{yz}(t - t' + s) - Q_{yz}(t - t')\big) Q_{xy}^{(n)}(\mathrm{d}t') \\ &= (\varDelta_s Q_{yz} * Q_{xy}^{(n)})(t). \quad \blacksquare \end{aligned}$$

Weiterhin genügen die Funktionen $R_{xyz}(x, y, z \in X)$ einem System von Erneuerungsgleichungen, das im folgenden Lemma angegeben wird.

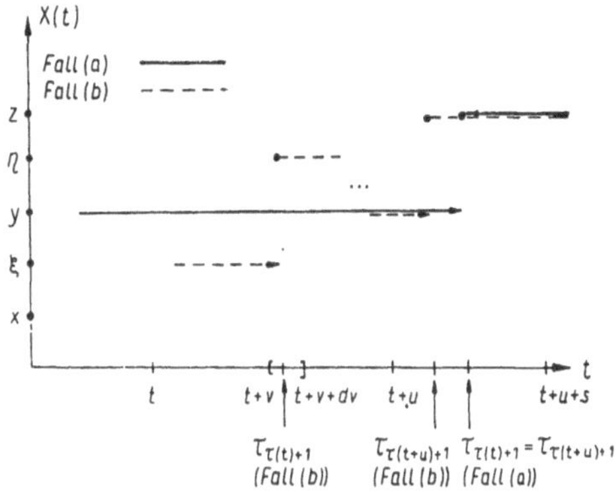

Abb. 7

Lemma 4.2. *Für beliebige Zustände x, y und $z \in X$ sowie beliebige Zeitpunkte t, s und u gilt*

$$R_{xyz}(t + u; s) = \sum_{\xi \in X} \sum_{\eta \in X} \int_0^u R_{\eta y z}(u - v; s)\, R_{x\xi\eta}(t; \mathrm{d}v) + R_{xyz}(t; u + s) - R_{xyz}(t; u). \tag{4.18}$$

Beweis: Die Behauptung ergibt sich, indem man die bedingten Wahrscheinlichkeiten der Ereignisse $X_{\tau(t+u)+1} = z$, $X(t + u) = y$, $\tau_{\tau(t+u)+1} \leqq t + u + s$ und $\tau_{\tau(t)+1} \geqq t + u$ (im Intervall $[t, t + u)$ findet kein Übergang statt (a)) sowie $X_{\tau(t+u)+1} = z$, $X(t + u) = u$, $\tau_{\tau(t+u)+1} \leqq t + u + s$ und $\tau_{\tau(t)+1} < t + u$ (im Intervall $[t, t + u)$ findet mindestens ein Übergang statt (b)) betrachtet (vgl. Abb. 7). Es ist nämlich

$$R_{xyz}(t + u; s) = \sum_{\xi \in X} \sum_{\eta \in X} \int_0^u \mathsf{P}(X_{\tau(t+u)+1} = z, X(t + u) = y, t + v < \tau_{\tau(t+u)+1} \leqq t + u + s \mid X_{\tau(t)+1} = \eta)$$

$$\times \mathsf{P}(X_{\tau(t)+1} = \eta, X(t) = \xi,$$
$$t + v < \tau_{\tau(t)+1} \leqq t + v + \mathrm{d}v \mid X_0 = x)$$
$$+ \mathsf{P}(X_{\tau(t)+1} = z, X(t) = y,$$
$$t + u < \tau_{\tau(t)+1} \leqq t + u + s \mid X_0 = x),$$

woraus sich unmittelbar wegen $\tau_{\tau(t)+1} = t + v$ (im Falle (b))

$$R_{xyz}(t + u; s) = \sum_{\xi \in X} \sum_{\eta \in X} \int_0^u \mathsf{P}(X_{\tau(u-v)+1} = z, X(u - v) = y,$$
$$\tau_{\tau(u-v)+1} \leqq u - v + s \mid X_0 = \eta)$$
$$\times \mathsf{P}(X_{\tau(t)+1} = \eta, X(t) = \xi, t + v < \tau_{\tau(t)+1}$$
$$\leqq t + v + \mathrm{d}v \mid X_0 = x)$$
$$+ \mathsf{P}(X_{\tau(t)+1} = z, X(t) = y, \tau_{\tau(t)+1} \leqq t + u + s \mid X_0 = x)$$
$$- \mathsf{P}(X_{\tau(t)+1} = z, X(t) = y, \tau_{\tau(t)+1} \leqq t + u \mid X_0 = x)$$

ergibt. Man erhält folglich

$$R_{xyz}(t + u; s) = \sum_{\xi \in X} \sum_{\eta \in X} \int_0^u R_{\eta yz}(u - v; s)\, R_{x\xi\eta}(t; \mathrm{d}v)$$
$$+ R_{xyz}(t; u + s) - R_{xyz}(t; u) . \blacksquare \qquad (4.18)$$

Für die Wahrscheinlichkeiten von Übergängen eines semi-Markovschen Prozesses in einer bestimmten Zeitspanne s erhält man dann den

Satz 4.3. *Es sei $\big(X(t)\big)_{t \in [0,\infty)}$ ein semi-Markovscher Prozeß mit endlichem Zustandsraum X.*

a) *Sind y ein rekurrenter Zustand, d. h., $\lim_{t \to \infty} G_{yy}(t) = 1$, und z ein Zustand mit $\nu_{yz}^{(1)} = \int_0^\infty t F_{yz}(\mathrm{d}t) < \infty$ sowie $s \geqq 0$,* *dann gilt*

$$\lim_{t\to\infty} R_{xyz}(t, s) = \lim_{t\to\infty} G_{xy}(t) \cdot p_{yz} \frac{\int_0^s \left(1 - F_{yz}(t)\right) dt}{\int_0^\infty \left(1 - G_{yy}(t)\right) dt} \tag{4.19}$$

$$= \lim_{t\to\infty} G_{xy}(t) \cdot p_{yz} \cdot \frac{\int_0^s \left(1 - F_{yz}(t)\right) dt}{\mu_{yy}^{(1)}}, \tag{4.19'}$$

falls G_{yy} *nicht gitterförmig*[1]) *ist, und*

$$\lim_{n\to\infty} R_{xyz}(nh; s) = \lim_{t\to\infty} G_{xy}(t) \cdot h \cdot p_{yz}$$

$$\times \frac{\sum_{n=0}^{\operatorname{ent}\left[\frac{s}{h}\right]+1} \left(1 - F_{yz}(nh)\right)}{\mu_{yy}^{(1)}}, \tag{4.20}$$

falls G_{yy} *gitterförmig mit der Gitterkonstanten* $h > 0$ *ist.*

b) *Ist* y *ein transienter Zustand, dann gilt für* $s \geqq 0$

$$\lim_{t\to\infty} R_{xyz}(t; s) = 0.$$

Beweis: Wie in Lemma 4.1 angegeben wurde, ist

$$R_{xyz}(t; s) = \sum_{n=0}^{\infty} (\Delta_s Q_{yz} * Q_{xy}^{(n)})(t)$$

$$= \left(\Delta_s Q_{yz} * \sum_{n=0}^{\infty} Q_{xy}^{(n)}\right)(t).$$

Als unmittelbare Folgerung aus Satz 3.5 (3.33) erhält man weiterhin

$$\sum_{n=0}^{\infty} Q_{xy}^{(n)}(t) = R_{xy}(t) + \delta_{xy} \qquad (t \geqq 0), \tag{4.21}$$

---

[1]) Diese Voraussetzung ist äquivalent zu der Voraussetzung, daß alle Funktionen $Q_{\xi\eta}$ mit $\xi, \eta \in X[y]$, die nicht identisch gleich Null sind, nicht gitterförmig sind.

es gilt also für $-\infty < t < \infty$

$$R_{xyz}(t; s) = \big(\Delta_s Q_{yz} * (R_{xy} + \delta_{xy} U_0)\big)(t)$$

mit

$$U_0(t) = \begin{cases} 0, & t < 0, \\ 1, & t \geqq 0. \end{cases}$$

Auf Grund von

$$R_{xy}(t) = G_{xy}(t) + (G_{xy} * R_{yy})(t)$$

(vgl. Satz 3.5 (3.34)) erhält man

$$\begin{aligned} R_{xyz}(t; s) &= \big(\Delta_s Q_{yz} * (R_{xy} + \delta_{xy} U_0)\big)(t) \\ &= \big(\Delta_s Q_{yz} * G_{xy} * (R_{yy} + U_0)\big)(t) \\ &\quad + \delta_{xy}(\Delta_s Q_{yz})(t). \end{aligned}$$

Zu a) Wegen der Monotonie von $p_{yz} - Q_{yz}(t)$ bez. t und

$$\begin{aligned} \int_0^\infty \big(p_{yz} - Q_{yz}(t)\big)\,\mathrm{d}t &= p_{yz} \int_0^\infty \big(1 - F_{yz}(t)\big)\,\mathrm{d}t \\ &= p_{yz} \int_0^\infty t F_{yz}(\mathrm{d}t) < \infty \end{aligned}$$

erhält man mittels des Haupterneuerungssatzes (vgl. Anhang A 3), falls G_{yy} nicht-gitterförmig ist,

$$\lim_{t \to \infty} \int_0^t \big(p_{yz} - Q_{yz}(t - t')\big)\, R_{yy}(\mathrm{d}t') = \frac{1}{\mu_{yy}^{(1)}} \int_0^\infty \big(p_{yz} - Q_{yz}(t)\big)\,\mathrm{d}t$$

sowie

$$\begin{aligned} &\lim_{t \to \infty} \int_0^t \big(p_{yz} - Q_{yz}(t + s - t')\big)\, R_{yy}(\mathrm{d}t') \\ &= \frac{1}{\mu_{yy}^{(1)}} \int_0^\infty \big(p_{yz} - Q_{yz}(t + s)\big)\,\mathrm{d}t. \end{aligned}$$

Folglich gilt

$$\lim_{t\to\infty} (\Delta_s Q_{yz} * R_{yy})(t) = \frac{1}{\mu_{yy}^{(1)}} \int_0^\infty (\Delta_s Q_{yz})(t)\,\mathrm{d}t \quad (4.19'')$$

und auf Grund von $\lim_{t\to\infty} Q_{yz}(t) = p_{yz}$, also $\lim_{t\to\infty} (\Delta_s Q_{yz})(t) = 0$ für $s \geqq 0$;

$$\lim_{t\to\infty} R_{xyz}(t; s) = \frac{\lim_{t\to\infty} G_{xy}(t)}{\mu_{yy}^{(1)}} \int_0^\infty (\Delta_s Q_{yz})(t)\,\mathrm{d}t$$

$$= \lim_{t\to\infty} G_{xy}(t) \cdot p_{yz} \cdot \frac{\int_0^s \big(1 - F_{yz}(t)\big)\,\mathrm{d}t}{\mu_{yy}^{(1)}}. \quad (4.19')$$

In analoger Weise ergibt sich das entsprechende Resultat, falls G_{yy} gitterförmig ist.

Zu b) Ist y ein transienter Zustand, d. h. $\lim_{t\to\infty} G_{yy}(t) < 1$, so folgt aus Satz 3.5 (3.34)

$$\lim_{t\to\infty} R_{yy}(t) = \frac{\lim_{t\to\infty} G_{yy}(t)}{1 - \lim_{t\to\infty} G_{yy}(t)} < \infty.$$

Wegen $\lim_{t\to\infty} (\Delta_s Q_{yz})(t) = 0$ für $s \geqq 0$ gilt dann

$$\lim_{t\to\infty} R_{xyz}(t; s)$$
$$= \lim_{t\to\infty} \big((\Delta_s Q_{yz}) * (G_{xy} * (R_{yy} + U_0) + \delta_{xy})\big)(t) = 0. \blacksquare$$

Als eine einfache Folgerung aus dem voranstehenden Satz ergibt sich, falls X nur eine Klasse rekurrenter Zustände $X_{(r)}$ enthält und diese Zustände $y \in X_{(r)}$ positiv rekurrent sind,

$$\lim_{t\to\infty} R_{xyz}(t;s) = \begin{cases} p_{yz} \dfrac{\int\limits_0^s \bigl(1 - F_{yz}(t)\bigr)\,\mathrm{d}t}{\mu_{yy}^{(1)}} & \text{für} \quad y \in X_{(r)}, \\ 0 & \text{für} \quad y \in X \setminus X_{(r)}, \end{cases} \tag{4.22}$$

da $\lim\limits_{t\to\infty} G_{xy}(t) = 1$ für $x \in X$ und $y \in X_{(r)}$ gilt.

Außerdem kann mit Hilfe von Satz 4.3 das asymptotische Verhalten der Übergangswahrscheinlichkeiten

$$\Phi_{xy}(t) = \mathsf{P}\bigl(X(t) = y \mid X(0) = x\bigr) \qquad (x, y \in X) \tag{3.2}$$

für $t \to \infty$ angegeben werden. Es ist nämlich

$$\Phi_{xy}(t) = \sum_{z\in X} \lim_{s\to\infty} \mathsf{P}\bigl(X_{\tau(t)+1} = z,\ X(t) = y,$$

$$\cdot \tau_{\tau(t)+1} \leqq t + s \mid X_0 = x\bigr) = \sum_{z\in X} \lim_{s\to\infty} R_{xyz}(t;s); \tag{4.23}$$

und man erhält

$$\lim_{t\to\infty} \Phi_{xy}(t) = \sum_{z\in X} \lim_{t\to\infty} \lim_{s\to\infty} R_{xyz}(t;s). \tag{4.24}$$

Auf Grund der Vertauschbarkeit der Limites gilt dann

$$\lim_{t\to\infty} \Phi_{xy}(t) = \lim_{t\to\infty} G_{xy}(t) \cdot \sum_{z\in X} p_{yz} \frac{\nu_{yz}^{(1)}}{\mu_{yy}^{(1)}}$$

$$= \lim_{t\to\infty} G_{xy}(t) \cdot \frac{\nu_y^{(1)}}{\mu_{yy}^{(1)}} \quad \Bigl(\nu_y^{(1)} = \sum_{z\in X} p_{yz}\nu_{yz}^{(1)}\Bigr), \tag{4.25}$$

falls y positiv rekurrent ist. Im Falle, daß die eingebettete Markovsche Kette ergodisch ist, erhält man die Beziehung

$$\lim_{t\to\infty} \Phi_{xy}(t) = \lim_{t\to\infty} G_{xy}(t) \cdot \frac{\pi_y \nu_y^{(1)}}{\sum\limits_{x\in X} \pi_x \nu_x^{(1)}}, \tag{4.26}$$

d. h.

$$\lim_{t\to\infty} \Phi_{xy}(t) = \frac{\pi_y \nu_y^{(1)}}{\nu^{(1)}} \tag{4.26'}$$

mit $\nu^{(1)} = \sum_{x \in X} \pi_x \nu_x^{(1)}$ (mittlere Verweilzeit), da hier $\lim_{t\to\infty} G_{xy}(t) = 1$ gilt.

4.4. Ausgehend von den Grenzwertsätzen für die Wahrscheinlichkeiten

$$R_{xyz}(t; s) \\ = \mathsf{P}(X_{\tau(t)+1} = z, X(t) = y, \tau_{\tau(t)+1} \leqq t + s \mid X_0 = x)$$

$(x, y, z \in X; s, t \geqq 0)$, die im vorhergehenden Unterabschnitt angegeben wurden, beschäftigen wir uns nun mit der Stationarität semi-Markovscher Prozesse. Dabei erweist es sich als notwendig — wie im weiteren gezeigt wird — den Begriff des semi-Markovschen Prozesses zu verallgemeinern. Diese Verallgemeinerung betrifft dabei lediglich die Wahrscheinlichkeiten für das Erreichen des ersten Zustandes aus dem Startzustand und die Verteilung der Verweilzeit im Startzustand. Analog zur Definition 1.1 definieren wir die sogenannten verallgemeinerten semi-Markovschen Prozesse in der folgenden Weise.

Definition 4.1. Es sei X eine (nicht-leere) endliche Menge — der sogenannte Zustandsraum. Weiter bezeichnen

a) $(\tilde{X}_n)_{n \in N_0}$ eine Folge von Zufallsgrößen (über einem Wahrscheinlichkeitsraum $(\Omega, \mathfrak{A}, \mathsf{P})$) mit den Werten in X;

b) $(\tilde{V}_n)_{n \in N_0}$ eine Folge von Zufallsgrößen über $(\Omega, \mathfrak{A}, \mathsf{P})$ mit Werten in $[0, \infty)$;

c) $\tilde{\tau}_n = \sum_{k=0}^{n-1} \tilde{V}_k \ (n \in N)$ und $\tilde{\tau}_0 = 0$; (1.1*)

d) $\tilde{\tau}(t) = \max\{n \in N_0 : \tilde{\tau}_n \leqq t\}$. (1.2*)

Gilt für alle $n \in N$ (Definition 1.1: N_0!), $y \in X$ und $t \geqq 0$

$$\mathsf{P}(\tilde{X}_{n+1} = y, \tilde{V}_n \leqq t \mid \tilde{X}_n, \ldots, \tilde{X}_0, \tilde{V}_{n-1}, \ldots, \tilde{V}_0)$$
$$= \mathsf{P}(\tilde{X}_n = y, \tilde{V}_n \leqq t \mid \tilde{X}_n) \qquad (1.3^*)$$

P-fast sicher, und sind diese Wahrscheinlichkeiten von $n \in N$ unabhängig, so heißt $\left(\tilde{X}(t)\right)_{t\in[0,\infty)}$ mit

$$\tilde{X}(t) = \tilde{X}_{\tilde{\tau}(t)} \qquad (t \geqq 0) \qquad (1.4^*)$$

ein *verallgemeinerter semi-Markovscher Prozeß.*

Analog zu Satz 1.1 ist ein verallgemeinerter semi-Markovscher Prozeß durch

$$(\tilde{a}_x)_{x\in X} \quad \text{mit} \quad \tilde{a}_x = \mathsf{P}(\tilde{X}_0 = x)$$
$$(\tilde{Q}_{xy})_{x,y\in X} \quad \text{mit} \quad \tilde{Q}_{xy}(t) = \tilde{p}_{xy}\tilde{F}_{xy}(t), \qquad (1.7^*)$$

wobei

$$\tilde{p}_{xy} = \mathsf{P}(\tilde{X}_1 = y \mid \tilde{X}_0 = x),$$
$$\tilde{F}_{xy}(t) = \mathsf{P}(\tilde{V}_0 \leqq t \mid \tilde{X}_1 = y, \tilde{X}_0 = x)$$

ist, sowie

$$(Q_{xy})_{x,y\in X} \quad \text{mit} \quad Q_{xy}(t) = p_{xy}F_{xy}(t),$$

wobei

$$p_{xy} = \mathsf{P}(\tilde{X}_{n+1} = y \mid \tilde{X}_n = x),$$
$$F_{xy}(t) = \mathsf{P}(\tilde{V}_n \leqq t) \mid \tilde{X}_{n+1} = y, \tilde{X}_n = x)$$

für alle $n \in N$ ist, bestimmt.

Wir bemerken, daß also ein verallgemeinerter semi-Markovscher Prozeß ein (gewöhnlicher) semi-Markovscher Prozeß ist, falls $\tilde{Q}_{xy} = Q_{xy}$ für alle $x, y \in X$ gilt.

Für verallgemeinerte semi-Markovsche Prozesse, deren eingebettete Markovsche Ketten $(\tilde{X}_n)_{n\in N}$ ergodisch sind, erhält man nun den folgenden

Satz 4.4. *Es sei* $\left(\tilde{X}(t)\right)_{t\in[0,\infty)}$ *ein durch* $(\tilde{a}_x)_{x\in X}$ *und* $(Q_{xy}, Q_{xy})_{x,y\in X}$ *gegebener verallgemeinerter semi-Markovscher Prozeß. Gilt*

$$\tilde{a}_x = \frac{\nu_x^{(1)}}{\mu_{xx}^{(1)}} \qquad (x \in X) \qquad (4.27)$$

und

$$\tilde{Q}_{xy}(t) = \frac{p_{xy}}{\nu_x^{(1)}} \int_0^t \left(1 - F_{xy}(t')\right) \mathrm{d}t' \quad (x, y \in X, t \geqq 0),[1] \tag{4.28}$$

dann ist $(\tilde{a}_x)_{x \in X}$ *eine stationäre Anfangsverteilung von* $\left(X(t)\right)_{t \in [0,\infty)}$, *d. h.*

$$\mathsf{P}\left(\tilde{X}(u) = x\right) = \mathsf{P}\left(\tilde{X}(0) = x\right) = \tilde{a}_x \qquad (x \in X) \tag{4.29}$$

für alle $u \geqq 0$.

In diesem Falle heißt $\left(\tilde{X}(t)\right)_{t \in [0,\infty)}$ stationär.

Dem Beweis dieses Satzes stellen wir ein Lemma voran.

Lemma 4.3. *Für* $x, y, z \in X$ *und* $t, s \geqq 0$ *gilt*

$$\tilde{R}_{xyz}(t; s) = \sum_{\eta \in X} \int_0^t R_{\eta yz}(t - t'; s)\, \tilde{Q}_{x\eta}(\mathrm{d}t') + \delta_{xy}[\tilde{Q}_{xz}(t + s) - \tilde{Q}_{xz}(t)] \tag{4.30}$$

Beweis: In Analogie zu obiger Definition von $R_{xyz}(t; s)$ ist für einen verallgemeinerten semi-Markovschen Prozeß

$$\begin{aligned} &\tilde{R}_{xyz}(t; s) \\ &= \mathsf{P}(\tilde{X}_{\tilde{\tau}(t)+1} = z, \tilde{X}(t) = y, \tilde{\tau}_{\tilde{\tau}(t)+1} \leqq t + s \mid \tilde{X}_0 = x) \\ &= \mathsf{P}\left(\tilde{X}_{\tilde{\tau}(t)+1} = z, \tilde{X}(t) = y, \sum_{l=0}^{\tilde{\tau}(t)} \tilde{V}_l \leqq t + s \mid \tilde{X}_0 = x\right). \end{aligned}$$

Entsprechend der Erneuerungseigenschaft, die nach Definition 4.1 ebenfalls auch für verallgemeinerte semi-Markovsche Prozesse besteht, ist

$$\tilde{R}_{xyz}(t; s) = \sum_{\eta \in X} \int_0^t \mathsf{P}(\tilde{X}_{\tilde{\tau}(t-u)+2} = z, \tilde{X}(t) = y,$$

---

[1]) Die Größen ohne ~-Zeichen beziehen sich auf den (gewöhnlichen) semi-Markovschen Prozeß mit der semi-Markovschen Matrix $\left(Q_{xy}(t)\right)_{x,y \in X}$ $(t \geqq 0)$.

$$\sum_{l=1}^{\tilde{\tau}(t)} \tilde{V}_l \leqq t + s - u \mid \tilde{X}_1 = \eta)$$
$$\times \mathsf{P}(\tilde{X}_1 = \eta, u < \tilde{V}_0 \leqq u + \mathrm{d}u \mid \tilde{X}_0 = x)$$
$$+ \delta_{xy} \mathsf{P}(\tilde{X}_1 = z, t < \tilde{V}_0 \leqq t + s \mid \tilde{X}_0 = y).$$

Da der verallgemeinerte semi-Markovsche Prozeß nach dem ersten Übergang die gleichen Übergangswahrscheinlichkeiten wie ein semi-Markovscher Prozeß mit der Matrix $(Q_{xy})_{x,y\in X}$ hat, ergibt sich

$$\tilde{R}_{xyz}(t; s) = \sum_{\eta\in X} \int_0^t \mathsf{P}(X_{\tau(t-u)+2} = s, X(t) = y,$$
$$\sum_{l=0}^{\tau(t)} V_l \leqq t + s - u \mid X_1 + \eta)$$
$$\times \mathsf{P}(\tilde{X}_1 = \eta, u < \tilde{V}_0 \leqq u + \mathrm{d}u \mid \tilde{X}_0 = x)$$
$$+ \delta_{xy} \mathsf{P}(\tilde{X}_1 = z, t < \tilde{V}_0 \leqq t + s \mid \tilde{X}_0 = y)$$
$$= \sum_{\eta\in X} \int_0^t \mathsf{P}(X_{\tau(t-u)+1} = z, X(t - u) = y,$$
$$\sum_{l=0}^{\tau(t-u)} V_l \leqq t + s - u \mid X_0 = \eta)$$
$$\times \mathsf{P}(\tilde{X}_1 = \eta, u < \tilde{V}_0 \leqq u + \mathrm{d}u \mid \tilde{X}_0 = x)$$
$$+ \delta_{xy} \mathsf{P}(\tilde{X}_1 = z, t < \tilde{V}_0 \leqq t + s \mid \tilde{X}_0 = y).$$

Man erhält also

$$\tilde{R}_{xyz}(t; s) = \sum_{\eta\in X} \int_0^t R_{\eta yz}(t - t'; s)\, \tilde{Q}_{x\eta}(\mathrm{d}t')$$
$$+ \delta_{xy}[\tilde{Q}_{xz}(t + s) - \tilde{Q}_{xz}(t)]. \blacksquare \tag{4.30}$$

B e w e i s (zum Satz 4.4): Wie im Unterabschnitt 4.3 angegeben, ist

$$\lim_{t\to\infty} R_{xyz}(t; s) = \frac{p_{yz}}{\mu_{yy}^{(1)}} \int_0^s \left(1 - F_{yz}(s')\right) \mathrm{d}s' \tag{4.31}$$
$$= \tilde{a}_y \tilde{Q}_{yz}(s), \tag{4.31'}$$

und es gilt nach Lemma 4.2 für $R^{yz}(s) = \lim_{t\to\infty} R_{xyz}(t; s)$ und für $u \geqq 0$

$$R^{yz}(s) = \sum_{\xi\in X} \sum_{\eta\in X} \int_0^u R_{\eta yz}(u - v; s)\, R^{\xi\eta}(\mathrm{d}v) + R^{yz}(u + s) - R^{yz}(u).$$

Weiterhin erhält man nach Lemma 4.3

$$\begin{aligned}\sum_{\xi\in X} \tilde{a}_\xi \tilde{R}_{\xi yz}(u; s) &= \sum_{\xi\in X} \sum_{\eta\in X} \int_0^u R_{\eta yz}(u - v; s)\, \tilde{a}_\xi \tilde{Q}_{\xi\eta}(\mathrm{d}v) \\ &\quad + \tilde{a}_y \tilde{Q}_{yz}(u + s) - \tilde{a}_y \tilde{Q}_{yz}(u) \\ &= \sum_{\xi\in X} \sum_{\eta\in X} \int_0^u R_{\eta yz}(u - v; s)\, R^{\xi\eta}(\mathrm{d}v) \\ &\quad + R^{yz}(u + s) - R^{yz}(u).\end{aligned}$$

Also ist

$$\sum_{\xi\in X} \tilde{a}_\xi \tilde{R}_{\xi yz}(u; s) = R^{yz}(s) = \tilde{a}_y \tilde{Q}_{yz}(s) \tag{4.32}$$

für alle $u, s \geqq 0$.

Davon ausgehend ergibt sich nun die Behauptung in folgender Weise:

$$\begin{aligned}\mathsf{P}\big(\tilde{X}(u) = y\big) &= \lim_{s\to\infty} \sum_{\xi\in X} \sum_{z\in X} \mathsf{P}\big(\tilde{X}(u) = y,\ \tilde{X}_{\tilde{\nu}(u)+1} = z, \\ &\qquad \tilde{\tau}_{\tilde{\nu}(u)+1} \leqq u + s \mid \tilde{X}(0) = \xi\big)\ \mathsf{P}\big(\tilde{X}(0) = \xi\big) \\ &= \lim_{s\to\infty} \sum_{\xi\in X} \sum_{z\in X} \tilde{R}_{\xi yz}(u; s)\, \tilde{a}_\xi \\ &= \lim_{s\to\infty} \sum_{z\in X} \tilde{a}_y \tilde{Q}_{yz}(s) \\ &= \mathsf{P}\big(\tilde{X}(0) = y\big),\end{aligned}$$

denn es ist nach Definition

$$\tilde{a}_y = \mathsf{P}\big(\tilde{X}(0) = y\big)$$

sowie

$$\lim_{s\to\infty} \sum_{z\in X} \tilde{Q}_{yz}(s) = \lim_{s\to\infty} \sum_{z\in X} \frac{p_{yz}}{\nu_y^{(1)}} \int_0^s \left(1 - F_{yz}(s')\right) ds'$$

$$= \sum_{z\in X} \frac{p_{yz}\nu_{yz}^{(1)}}{\nu_y^{(1)}} = 1 .$$

Schließlich sei noch bemerkt, daß die für die Stationarität eines verallgemeinerten semi-Markovschen Prozesses angegebenen Bedingungen angewandt auf einen (gewöhnlichen) semi-Markovschen Prozeß, d. h. $\tilde{Q}_{xy} = Q_{xy} (x, y \in X)$, die Form besitzen

$$a_x = \frac{\nu_x^{(1)}}{\mu_{xx}^{(1)}} \quad (x \in X) \tag{4.33}$$

und

$$Q_{xy}(t) = \frac{p_{xy}}{\nu_x^{(1)}} \int_0^t \left(1 - F_{xy}(t')\right) dt' \tag{4.34}$$

(für $x, y \in X$ und $t \geqq 0$). Die Bedingung (4.34) hat zur Folge, daß die bedingte Verweilzeitverteilungsfunktionen F_{xy} den Differentialgleichungen

$$\frac{dF_{xy}(t)}{dt} + \frac{1}{\nu_x^{(1)}} F_{xy}(t) = \frac{1}{\nu_x^{(1)}} \quad \text{mit} \quad F_{xy}(0) = 0 \tag{4.35}$$

genügen. Also ist $F_{xy}(t) = 1 - e^{-\frac{t}{\nu_x^{(1)}}}$ $(x, y \in X,\ t \geqq 0)$. Ein durch $(a_x)_{x\in X}$ und $(Q_{xy})_{x,y\in X}$ gegebener gewöhnlicher semi-Markovscher Prozeß ist also unter der Bedingung der Stationarität sogar eine Markovsche Kette mit stetiger Zeit (wodurch die obige Definition eines *verallgemeinerten* semi-Markovschen Prozesses motiviert ist).

Bezeichnet $(\pi_x)_{x\in X}$ die stationäre Verteilung der eingebetteten Markovschen Kette, so genügen entsprechend Bedingung (4.33) die (vom nächsten Zustand unabhängigen) mittleren Verweilzeiten $\nu_x^{(1)} (x \in X)$ den Gleichungen

$$\nu_x^{(1)} = \frac{a_x}{\pi_x} \nu^{(1)} \quad \text{mit} \quad \nu^{(1)} = \sum_{z \in X} \pi_z \nu_z^{(1)} .$$

Wählt man insbesondere als Anfangsverteilung des semi-Markovschen Prozesses speziell die stationäre Verteilung der eingebetteten Markovschen Kette, so gilt $\nu_x^{(1)} = \nu^{(1)}$ für $x \in X$, d. h., die Verweilzeitverteilungen sind nicht nur vom Ziel-, sondern auch vom Startzustand unabhängig.

5. Vergröberung bei semi-Markovschen Prozessen

Bei der Anwendung von semi-Markovschen Prozessen ist mitunter weniger das Verhalten dieser Prozesse bezüglich der einzelnen Zustände von Interesse, sondern bezüglich bestimmter (disjunkter) Teilmengen (Cluster) von Zuständen. Bei technischen Systemen kann eine solche Menge aus denjenigen Zuständen bestehen, die bestimmte Eigenschaften beschreiben, wie z. B. gleiche Anzahl eingeschalteter Maschinen oder Funktionsunfähigkeit.

Eine derartige Clusterbildung im Zustandsraum X wird im folgenden durch eine Funktion $f : X \to M = \{1, 2, \ldots, m_0\}$ $(m_0 \in N)$ beschrieben. Dann ist nämlich durch

$$X^m = f^{-1}(m) = \{x \in X : f(x) = m\} \quad (m = 1, \ldots, m_0) \tag{5.1}$$

eine vollständige disjunkte Zerlegung von X gegeben, d. h.

$$X = \bigcup_{m=1}^{m_0} X^m \quad \text{und} \quad X^m \cap X^{m'} = \emptyset \quad (m \neq m'). \tag{5.2}$$

Eine Vergröberung eines semi-Markovschen Prozesses kann dabei durch den stochastischen Prozeß $\big(Y(t)\big)_{t \in [0,\infty)}$

$$Y(t) = f\big(X(t)\big) \qquad (t \geqq 0) \tag{5.3}$$

definiert werden. Das heißt, es gilt genau dann $Y(t) = m$, wenn $X(t) \in X^m (m = 1, 2, \ldots, m_0)$ ist.

Wie das folgende Beispiel zeigt, ist $\big(Y(t)\big)_{t\in[0,\infty)}$ i. a. kein semi-Markovscher Prozeß. Sind nämlich $X = \{x_1, x_2, x_3\}$, $\big(X(t)\big)_{t\in[0,\infty)}$ ein semi-Markovscher Prozeß, gegeben durch (vgl. Satz 1.1)

$$a_{x_1} = \frac{1}{2}, \quad a_{x_2} = \frac{1}{4}, \quad a_{x_3} = \frac{1}{4},$$

$$(p_{x_i x_j})_{i,j=1,2,3} = \begin{pmatrix} \frac{1}{4} & \frac{1}{2} & \frac{1}{4} \\ 0 & 1 & 0 \\ \frac{1}{6} & \frac{1}{3} & \frac{1}{2} \end{pmatrix}$$

und

$$F_{x_i x_j}(s) = \begin{cases} 0, & 0 \leqq s < 1, \\ 1, & 1 \leqq s < \infty, \end{cases} \qquad (i, j = 1, 2, 3)$$

sowie

$$f(x) = \begin{cases} 1, & x = x_1, x_2, \\ 2, & x = x_3, \end{cases}$$

so ist z. B.

$$\begin{aligned} &\mathsf{P}(Y_2 = 2 \mid Y_1 = 1, Y_0 = 1) \\ &= \frac{\mathsf{P}(X_2 = x_3, X_1 \in \{x_1, x_2\}, X_0 \in \{x_1, x_2\})}{\mathsf{P}(X_1 \in \{x_1, x_2\}, X_0 \in \{x_1, x_2\})} = \frac{1}{20} \\ &\mathsf{P}(Y_2 = 2 \mid Y_1 = 1, Y_0 = 2) \\ &= \frac{\mathsf{P}(X_2 = x_3, X_1 \in \{x_1, x_2\}, X_0 = x_3)}{\mathsf{P}(X_1 \in \{x_1, x_2\}, X_0 = x_3)} = \frac{1}{12}. \end{aligned}$$

Die Vergröberung $Y\big((t)\big)_{t\in[0,\infty)}$ des semi-Markovschen Prozesses $\big(X(t)\big)_{t\in[0,\infty)}$, der sogar eine Markovsche Kette ist, stellt also keinen semi-Markovschen Prozeß dar.

5.1. Zunächst geben wir eine Vergröberungsmethode von H. Störmer [34] an, die es gestattet, einen stationären semi-Markovschen Prozeß $\big(\tilde{X}(t)\big)_{t\in[0,\infty)}$ zu vergröbern.

Die Clusterbildung im (endlichen) Zustandsraum X sei dabei — wie oben beschrieben — durch eine Funktion $f\colon X \to M = \{1, 2, \ldots, m_0\}$ gegeben. Es ist also

$$Y(t) = m \quad \text{genau dann, wenn} \quad \tilde{X}(t) \in X^m$$

gilt. Identifiziert man X^m mit m (kanonische Abbildung), so liegt also ein Prozeß vor, dessen Zustandsraum die (disjunkten) Teilmengen $X^1, \ldots, X^{m_0}$ als Zustände von $\big(Y(t)\big)_{t\in[0,\infty)}$ enthält.

Ausgehend von den Überlegungen im Unterabschnitt 4.4 betrachten wir die Wahrscheinlichkeiten

$$\begin{aligned}\tilde{R}_{xyz}(t; s) &\\ = \mathsf{P}(\tilde{X}_{\tilde{\tau}(t)+1} = z, \tilde{X}(t) = y, \tau_{\tilde{\tau}(t)+1} &\leqq t + s \mid \tilde{X}_0 = x)\\ (x, y, z \in X; t, s &\geqq 0).\end{aligned}$$

Für stationäre semi-Markovsche Prozesse mit einer stationären Verteilung $(\pi_x)_{x\in X}$ für die eingebettete Markovsche Kette ist nun

$$\begin{aligned}R^{yz}(s) &= \sum_{x\in X} \tilde{a}_x \tilde{R}_{xyz}(t; s)\\ &= \mathsf{P}(\tilde{X}_{\tilde{\tau}(t)+1} = z, \tilde{X}(t) = y, \tilde{\tau}_{\tilde{\tau}(t)+1} \leqq t + s) \qquad (5.4)\end{aligned}$$

unabhängig von t (vgl. Beweis zum Satz 4.4), und es gilt

$$R^{yz}(s) = \tilde{a}_y \tilde{Q}_{yz}(s). \qquad (5.5)$$

Der Quotient

$$Q_{AB}(s; u)$$

$$= \frac{\sum\limits_{x\in\bar{A}} \sum\limits_{y\in A} \mathsf{P}(\tilde{X}_{\tilde{\tau}(t)+1} = y, \tilde{X}(t) = x, \tilde{\tau}_{\tilde{\tau}(t)+1} \geqq t + s)}{\sum\limits_{x\in\bar{A}} \sum\limits_{y\in A} \mathsf{P}(\tilde{X}_{\tilde{\tau}(t)+1} = y, \tilde{X}(t) = x, \tau_{\tilde{\tau}(t)+1} \leqq t + s)}$$

$$\times \mathsf{P}(\tilde{X}_{\tilde{\tau}(t)+2} \in B, \tilde{V}_{\tilde{\tau}(t)+1} \leqq u \mid \tilde{X}_{\tilde{\tau}(t)+1} = y)$$

$$= \frac{\sum\limits_{x \in \bar{A}} \sum\limits_{y \in A} R^{xy}(s)\, \Psi_{y,ABA}(u)}{\sum\limits_{x \in \bar{A}} \sum\limits_{y \in A} R^{xy}(s)} \tag{5.6}$$

gibt dann die Wahrscheinlichkeit dafür an, daß der semi-Markovsche Prozeß im Zeitintervall $[t, t + s)$ erstmalig einen Zustand $y \in A$ erreicht und dann spätestens nach u Zeiteinheiten in einen Zustand aus $B(B \cap A = \emptyset)$ übergeht.

Für $s \to 0$ ergibt sich auf Grund der Stationaritätsbedingung

$$R^{yz}(s) = \tilde{a}_y \frac{p_{yz}}{\nu_y^{(1)}} \int\limits_0^s \bigl(1 - F_{yz}(t)\bigr)\, dt \tag{4.28'}$$

$$= \frac{p_{yz}}{\mu_{yy}^{(1)}} \int\limits_0^s \bigl(1 - F_{yz}(t)\bigr)\, dt$$

$$= \frac{\pi_y p_{yz}}{\sum\limits_{x \in X} \pi_x \nu_x^{(1)}}\, s + o(s),$$

da, wie im Unterabschnitt 3.3.b) angegeben wurde, $\pi_y \mu_{yy}^{(1)} = \sum\limits_{x \in X} \pi_x \nu_x^{(1)}$ gilt.

Folglich ist für $A \cap B = \emptyset$

$$\lim_{s \to 0} Q_{AB}(s; u) = \lim_{s \to 0} \frac{\sum\limits_{x \in \bar{A}} \sum\limits_{y \in A} R^{xy}(s)\, \Psi_{y,ABA}(u)}{\sum\limits_{x \in \bar{A}} \sum\limits_{y \in A} R^{xy}(s)} \tag{5.7}$$

$$= \lim_{s \to 0} \frac{\sum\limits_{x \in \bar{A}} \sum\limits_{y \in A} \pi_x p_{xy} \Psi_{y,ABA}(u) + \frac{o(s)}{s}}{\sum\limits_{x \in \bar{A}} \sum\limits_{y \in A} \pi_x p_{xy} + \frac{o(s)}{s}}$$

$$= \frac{\sum\limits_{x \in \bar{A}} \sum\limits_{y \in A} \pi_x p_{xy} \Psi_{y,ABA}(u)}{\sum\limits_{x \in \bar{A}} \sum\limits_{y \in A} \pi_x p_{xy}} . \tag{5.7'}$$

Die Funktion $Q_{AB} : u \to Q_{AB}(u) = \lim\limits_{s \to 0} Q_{AB}(s; u)$ besitzt nun für die Vergröberung eines semi-Markovschen Prozesses eine wesentliche Bedeutung, wie der folgende Satz angibt.

Satz 5.1. *Es sei* $(\tilde{X}(t))_{t \in [0,\infty)}$ *ein stationärer semi-Markovscher Prozeß mit der stationären Anfangsverteilung* $(\pi_x)_{x \in X}$ *der eingebetteten Markovschen Kette. Weiter liege eine disjunkte Zerlegung* $X = \bigcup\limits_{m=1}^{m_0} X^m$ *des Zustandsraumes vor, die durch eine Funktion* f *induziert wird. Dann gilt:*

a)
$$Q_{X^m X^{m'}}(u) = p_{X^m X^{m'}} F_{X^m X^{m'}}(u) \tag{5.8}$$
$$(u \geqq 0;\ 1 \leqq m, m' \leqq m_0)$$

mit

$$p_{X^m X^{m'}} = \frac{\sum\limits_{x \in X^m} \sum\limits_{y \in X^{m'}} \pi_x p_{xy}}{\sum\limits_{x \in X^m} \sum\limits_{y \in \overline{X^m}} \pi_x p_{xy}} \tag{5.9}$$

(*Wahrscheinlichkeit eines Überganges von* X^m *nach* $X^{m'}$) *und*

$$F_{X^m X^{m'}}(u) = \frac{\sum\limits_{x \in \overline{X^m}} \sum\limits_{y \in X^m} \pi_x p_{xy} \Psi_{y,X^m X^{m'} X^m}(u)}{\sum\limits_{x \in X^m} \sum\limits_{y \in X^m} \pi_x p_{xy}} \tag{5.10}$$

(*Verweilzeitverteilung in* X^m *bei Übergang nach* $X^{m'}$).

b) *Gilt* $\tilde{a}_x = \pi_x (x \in X)$, *d. h.* $\nu_x^{(1)} = \nu^{(1)}$, *und ist* $p_{xy} = 0$ $(x, y \in X^m)$ *für alle* $m = 1, \ldots, m_0$, *so ergibt sich für alle* $n = 0, 1, 2, \ldots$ *und* $1 \leqq m, m' \leqq m_0$

$$\mathsf{P}(\tilde{X}_{n+1} \in X^{m'} \mid \tilde{X}_n \in X^m)$$
$$= \mathsf{P}(Y_{n+1} = m' \mid Y_n = m) = p_{X^m X^{m'}}$$

sowie

$$\mathsf{P}(\tilde{V}_n \leqq u \mid \tilde{X}_{n+1} \in X^{m'}, \tilde{X}_n \in X^m)$$
$$= \mathsf{P}(\tilde{V}_n \leqq u \mid Y_{n+1} = m', Y_n = m) = F_{X^m X^{m'}}(u)$$
$$(u \geqq 0) \quad mit \quad Y_n = f(\tilde{X}_n).$$

Beweis: a) für eine beliebige Teilmenge $A \subset X$ ist

$$\sum_{x \in \bar{A}} \sum_{y \in A} \pi_x p_{xy} = \sum_{y \in A} \left(\sum_{x \in X} \pi_x p_{xy} - \sum_{x \in A} \pi_x p_{xy} \right)$$
$$= \sum_{y \in A} \left(\pi_y - \sum_{x \in A} \pi_x p_{xy} \right)$$
$$= \sum_{y \in A} \pi_y - \sum_{x \in A} \pi_x \left(1 - \sum_{y \in \bar{A}} p_{xy} \right)$$
$$= \sum_{x \in A} \sum_{y \in \bar{A}} \pi_x p_{xy} .$$

Davon ausgehend ergibt sich unmittelbar aus der Definition von Q_{AB} die angegebene Faktorisierung von $Q_{X^m X^{m'}}$.

b) Auf Grund der angegebenen Bedingungen ist

$$\mathsf{P}(\tilde{X}_{n+1} \in X^m \mid \tilde{X}_n \in X^m) = \frac{\sum_{x \in X^m} \sum_{y \in X^m} \pi_x p_{xy}}{\sum_{x \in X^m} \pi_x} = 0$$

$n = 0, 1, 2, \ldots$), und man erhält

$$p_{X^m X^{m'}} = \frac{\sum_{x \in X^m} \sum_{y \in X^{m'}} \mathsf{P}(\tilde{X}_{n+1} = y \mid \tilde{X}_n = x)\, \mathsf{P}(\tilde{X}_n = x)}{\sum_{x \in X^m} \sum_{y \in \overline{X^m}} \mathsf{P}(\tilde{X}_{n+1} = y \mid \tilde{X}_n = x)\, \mathsf{P}(\tilde{X}_n = x)}$$
$$= \frac{\mathsf{P}(\tilde{X}_{n+1} \in X^{m'}, \tilde{X}_n \in X^m)}{\mathsf{P}(\tilde{X}_{n+1} \in \overline{X^m}, \tilde{X}_n \in X^m)}$$
$$= \frac{\mathsf{P}(\tilde{X}_{n+1} \in X^{m'}, \tilde{X}_n \in X^m)}{\mathsf{P}(\tilde{X}_n \in X^m)}$$
$$= \mathsf{P}(\tilde{X}_{n+1} \in X^{m'} \mid \tilde{X}_n \in X^m)$$
$$= \mathsf{P}(Y_{n+1} = m' \mid Y_n = m).$$

In analoger Weise ergibt sich

$$F_{X^m X^{m'}}(u)$$

$$= \frac{\sum\limits_{x\in\overline{X^m}} \sum\limits_{y\in X^m} \mathsf{P}(\tilde{X}_n = x)\, \mathsf{P}(\tilde{X}_{n+1} = y \mid \tilde{X}_n = x)}{\sum\limits_{x\in X^m} \sum\limits_{y\in X^{m'}} \mathsf{P}(\tilde{X}_{n+1} = x)\, \mathsf{P}(\tilde{X}_{n+2} = y \mid \tilde{X}_{n+1} = x)}$$

$$\times\, \mathsf{P}(\tilde{X}_{n+2} \in X^{m'}, \tilde{V}_{n+1} \leqq u \mid \tilde{X}_{n+1} = y)$$

$$= \frac{\mathsf{P}(\tilde{X}_{n+2} \in X^{m'}, \tilde{X}_{n+1} \in X^m, \tilde{X}_n \in \overline{X^m}, \tilde{V}_{n+1} \leqq u)}{\mathsf{P}(\tilde{X}_{n+2} \in X^{m'}, \tilde{X}_{n+1} \in X^m)}$$

$$= \frac{\mathsf{P}(\tilde{X}_{n+2} \in X^{m'}, \tilde{X}_{n+1} \in X^m, \tilde{X}_n \in X, \tilde{V}_{n+1} \leqq u)}{\mathsf{P}(\tilde{X}_{n+2} \in X^{m'}, \tilde{X}_{n+1} \in X^m)}$$

$$= \mathsf{P}(\tilde{V}_{n+1} \leqq u \mid \tilde{X}_{n+2} \in X^{m'}, \tilde{X}_{n+1} \in X^m)$$

$$= \mathsf{P}(\tilde{V}_{n+1} \leqq u \mid Y_{n+2} = m', Y_{n+1} = m)\,.$$

Wir bemerken noch abschließend, daß also unter der angegebenen Voraussetzung b) durch $(\pi_{X^m})_{m=1,\ldots,m_0}$ mit $\pi_{X^m} = \sum\limits_{x\in X^m} \pi_x$, $(p_{X^m X^{m'}})_{m,m'=1,\ldots,m_0}$ und $\big(Q_{X^m X^{m'}}(u)\big)_{m,m'=1,\ldots,m_0}$ entsprechend Satz 1.1 ein semi-Markovscher Prozeß gegeben ist, der zur Beschreibung einer Vergröberung des ursprünglichen semi-Markovschen Prozesses herangezogen werden kann.

5.2. Nun widmen wir uns dem Problem, unter welchen Bedingungen eine Vergröberung eines semi-Markovschen Prozesses selbst wieder ein semi-Markovscher Prozeß ist. Dabei handelt es sich um eine Verallgemeinerung eines Kriteriums von Kemeny-Snell für endliche Markovsche Ketten, die von Serfozo [32] angegeben wurde.

Ist nämlich $X^1, X^2, \ldots, X^{m_0}$ eine durch eine Funktion f gegebene disjunkte Zerlegung des Zustandsraumes X, so heißt eine Markovsche Kette $(X_n)_{n\in N_0}$ *(stark) vergröber-*

bar (bez. f), falls $\big(f(X_n)\big)_{n\in N_0}$ für jede Anfangsverteilung $(\pi_x)_{x\in X}$ wiederum eine Markovsche Kette bildet, deren Übergangswahrscheinlichkeiten unabhängig von $(\pi_x)_{x\in X}$ sind. Für endliche Markovsche Ketten wurde das folgende Kriterium von KEMENY-SNELL [14] angegeben, das auch im Falle eines abzählbaren Zustandsraumes gilt (vgl. [10]):

Eine Markovsche Kette $(X_n)_{n\in N_0}$ ist genau dann (stark) vergröberbar bez. f, falls für alle $m, m' \in M$

$$\sum_{y\in X^{m'}} p_{xy} = \sum_{y\in X^{m'}} p_{x'y} \qquad (x, x' \in X^m) \tag{5.11}$$

gilt.

Ein Markovscher Erneuerungsprozeß $(X_n, V_n)_{n\in N_0}$ heißt (*stark*) *vergröberbar* bez. einer Funktion $f: X \to M$, falls $\big(f(X_n), V_n\big)_{n\in N_0}$ wiederum ein Markovscher Erneuerungsprozeß für jede Anfangsverteilung $\pi = (\pi_x)_{x\in X}$ mit $\pi_x = \mathsf{P}_\pi(X_0 = x)$ ist und die Übergangswahrscheinlichkeiten

$$\mathsf{P}_\pi\big(f(X_{n+1}) = m', V_n \leqq t \mid f(X_n) = m\big)$$

$$(m, m' \in M, t \geqq 0)$$

unabhängig von π sind[1]). Für diese Markovschen Erneuerungsprozesse erhält man nach SERFOZO (vgl. [32], dort ohne Beweis) das folgende Resultat.

Satz 5.2. *Ein Markovscher Erneuerungsprozeß* $(X_n, V_n)_{n\in N_0}$ *mit den Übergangswahrscheinlichkeiten*

$$Q_{xy}(t) = \mathsf{P}(X_{n+1} = y, V_n \leqq t \mid X_n = x) \quad (x, y \in X, t \geqq 0)$$

ist genau dann vergröberbar bez. einer Funktion $f: X \to M$, *falls für alle* $m, m' \in M$ *und* $t \geqq 0$

$$\sum_{y\in X^{m'}} Q_{xy}(t) = \sum_{y\in X^{m'}} Q_{x'y}(t) \qquad (x, x' \in X^m) \tag{5.12}$$

gilt.

---

[1]) Zur Definition der Wahrscheinlichkeit P_π vgl Satz 1.1.

Beweis: Es bezeichne $f(X_n) = \hat{X}_n$ $(n = 0, 1, \ldots)$.

a) für eine Anfangsverteilung $\boldsymbol{\pi} = (\pi_x)_{x \in X}$ ergibt sich auf Grund der Beziehung

$$Q_{xy}(t) = p_{xy} F_{xy}(t) \qquad (x, y \in X:, t \geqq 0) \tag{1.7}$$

(vgl. Unterabschnitt 1.1):

$$\begin{aligned}
&\mathsf{P}_\pi(\hat{X}_1 = m, V_0 \leqq t \mid \hat{X}_0 = m') \\
&= \mathsf{P}_\pi(\hat{X}_1 = m \mid \hat{X}_0 = m') \cdot \mathsf{P}_\pi(V_0 \leqq t \mid \hat{X}_0 = m', \hat{X}_1 = m) \\
&= \mathsf{P}_\pi(X_1 \in X^m \mid X_0 \in X^{m'}) \cdot \mathsf{P}_\pi(V_0 \leqq t \mid X_0 \in X^{m'}, X_1 \in X^m) \\
&= \frac{\sum\limits_{x \in X^{m'}} \pi_x p_{xX^m}}{\sum\limits_{x \in X^m} \pi_x} \cdot \frac{\sum\limits_{x \in X^{m'}} \sum\limits_{y \in X^m} F_{xy}(t)\, p_{xy} \pi_x}{\sum\limits_{x \in X^{m'}} \sum\limits_{y \in X^m} p_{xy} \pi_x}
\end{aligned}$$

$$\left(p_{xX^m} = \sum_{y \in X^m} p_{xy}\right), \quad \text{falls} \quad \mathsf{P}_\pi(X_0 \in X^{m'}) = \sum_{x \in X^{m'}} \pi_x \neq 0$$

und

$$\mathsf{P}_\pi(X_1 \in X^m \mid X_0 \in X^{m'}) = \sum_{x \in X^{m'}} p_{xX^m} \pi_x \neq 0$$

gilt.

Wählt man nun folgende spezielle Anfangsverteilungen $\boldsymbol{\pi}^\xi (\xi \in X^{m'})$:

$$\pi_x^{\ \xi} = \begin{cases} 1 & \text{für} \quad x = \xi, \\ 0 & \text{für} \quad x \neq \xi, \end{cases}$$

so ist

$$\begin{aligned}
&\mathsf{P}_{\pi^\xi}(\hat{X}_1 = m, V_0 \leqq t \mid \hat{X}_0 = m') \\
&\qquad = \sum_{y \in X^m} F_{\xi y}(t)\, p_{\xi y} = \sum_{y \in X^m} Q_{\xi y}(t).
\end{aligned}$$

Da aber nach Definition der Vergröberbarkeit

$$\mathsf{P}_\pi(\hat{X}_1 = m, V_0 \leqq t \mid \hat{X}_0 = m')$$

unabhängig von $\boldsymbol{\pi}$ ist, ergibt sich (5.12) als notwendige Bedingung für die Vergröberbarkeit von $(X_n, V_n)_{n \in N_0}$.

b) Es seien nun $m^{(0)}, m^{(1)}, m^{(2)}, \ldots \in M$. Dann ist nach Definition für $t, t_{n-1}, t_{n-2}, \ldots, t_0 \in [0, \infty)$

$$\begin{aligned}
&\mathsf{P}_\pi(\hat{X}_{n+1} = m^{(n+1)}, V_n \leqq t \mid \hat{X}_n = m^{(n)}, \\
&\qquad\qquad V_{n-1} \leqq t_{n-1}, \ldots, \hat{X}_0 = m^{(0)}) \\
&= \mathsf{P}_\pi\big(X_{n+1} \in f^{-1}(m^{(n+1)}), V_n \leqq t \mid X_n \in f^{-1}(m^{(n)}), \\
&\qquad\qquad V_{n-1} \leqq t_{n-1}, \ldots, X_0 \in f^{-1}(m^{(0)})\big) \\
&= \frac{\sum\limits_{x_{n+1}\in f^{-1}(m^{(n+1)})} \cdots \sum\limits_{x_0 \in f^{-1}(m^{(0)})} \pi_{x_0} p_{x_0 x_1} F_{x_0 x_1}(t_0) \cdot \ldots \cdot p_{x_n x_{n+1}} F_{x_n x_{n+1}}(t)^{1)}}{\sum\limits_{x_n \in f^{-1}(m^{(n)})} \cdots \sum\limits_{x_0 \in f^{-1}(m^{(0)})} \pi_{x_0} p_{x_0 x_1} F_{x_0 x_1}(t_0) \cdot \ldots \cdot p_{x_{n-1} x_n} F_{x_{n-1} x_n}(t_{n-1})}.
\end{aligned}$$

Nach Voraussetzung besitzt

$$\sum_{x_{n+1}\in f^{-1}(m^{(n+1)})} p_{\xi x_{n+1}} F_{\xi x_{n+1}}(t) = \sum_{x_{n+1}\in f^{-1}(m^{(n+1)})} Q_{\xi x_{n+1}}(t) \qquad (t \geqq 0)$$

für alle $\xi \in f^{-1}(m^{(n)})$ den gleichen Wert.
Man erhält also — unabhängig von π —

$$\begin{aligned}
&\mathsf{P}_\pi(\hat{X}_{n+1} = m^{(n+1)}, V_n \leqq t \mid \hat{X}_n = m^{(n)}, \\
&\qquad\qquad V_{n-1} \leqq t_{n-1}, \ldots, \hat{X}_0 = m^{(0)}) \\
&\quad = \mathsf{P}_\pi(\hat{X}_{n+1} = m^{(n+1)}, V_n \leqq t \mid \hat{X}_n = m^{(n)}) \\
&\quad = \sum_{x_{n+1}\in f^{-1}(m^{(n+1)})} Q_{x_n x_{n+1}}(t).
\end{aligned}$$

Damit ist gezeigt, daß $(X_n, V_n)_{n\in N_0}$ ein Markovscher Erneuerungsprozeß ist, falls (5.12) gilt. ∎

Ein semi-Markovscher Prozeß $\big(X(t)\big)_{t\in[0,\infty)}$ wird nun (*stark*) *vergröberbar bez.* f genannt, wenn $\Big(f\big(X(t)\big)\Big)_{t\in[0,\infty)}$ für jede Anfangsverteilung π von $\big(X(t)\big)_{t\in[0,\infty)}$ ein semi-Markovscher Prozeß ist, dessen zugehörige semi-Markovsche Matrix unabhängig von π ist.

---

[1]) Es kann o.B.d.A. vorausgesetzt werden, daß der Nenner positiv ist, da im anderen Falle die zu beweisende Aussage ohne Bedeutung ist.

Mittels des oben angegebenen Kriteriums für die Vergröberbarkeit von Markovschen Erneuerungsprozessen erhält man unschwer nun folgenden

Satz 5.3. ([32]): *Ein semi-Markovscher Prozeß* $(X(t))_{t\in[0,\infty)}$ *mit der semi-Markovschen Matrix* $\underset{\sim}{Q}(t) = (Q_{xy}(t))_{x,y\in X}$ *ist genau dann bez. einer Funktion* $f: X \to M$ *vergröberbar, falls für alle* $m, m' \in M$

$$\sum_{y\in X^{m'}} H_{xy}(t) = \sum_{y\in X^{m'}} H_{x'y}(t) \qquad (x, x' \in X^m) \tag{5.13}$$

mit

$$H_{xy}(t) = \sum_{l=1}^{\infty} \sum_{\substack{x_\nu\in X^m \\ (x_0=x)}} (Q_{xx_1} * Q_{x_1x_2} * \ldots * Q_{x_{l-1}y})\,(t) \tag{5.14}$$

gilt. In diesem Falle ist $(f(X(t)))_{t\in[0,\infty)}$ *ein semi-Markovscher Prozeß mit der semi-Markovschen Matrix* $\underset{\sim}{Q}^M(t)$:

$$Q^M_{mm'}(t) = \sum_{y\in X^{m'}} H_{xy}(t) \qquad (x \in X^m,\ t \geqq 0). \tag{5.15}$$

Beweis: Es bezeichne für $\hat{X}_n = f(X_n)$

$$\begin{aligned}
\sigma_0 &\equiv 0,\\
\sigma_1 &= \min\{\nu > 0 : \hat{X}_\nu \neq \hat{X}_0\},\\
\sigma_2 &= \min\{\nu > \sigma_1 : \hat{X}_\nu \neq \hat{X}_{\sigma_1}\},\\
&\vdots\\
\sigma_n &= \min\{\nu > \sigma_{n-1} : \hat{X}_\nu \neq \hat{X}_{\sigma_{n-1}}\}\\
&\vdots
\end{aligned}$$

die Zeitpunkte, zu denen die in $(X(t))_{t\in[0,\infty)}$ eingebettete Markovsche Kette $(X_n)_{n\in N_0}$ aus eine der Mengen $X^1, \ldots, X^{m_0}$ in eine andere übergeht. Bezüglich dieser Markovschen Kette $(X_n)_{n\in N_0}$ sind $\sigma_0, \ldots, \sigma_n, \ldots$ Markovsche Zeiten; diese Eigenschaft folgt induktiv aus der Beziehung

$$\{\sigma_n > \nu\} = \bigcup_{\alpha\leqq\nu} \{\sigma_{n-1} = \alpha,\ X_k \in f^{-1}(X_\alpha) : \alpha < k \leqq \nu\}$$
$$\cup \{\sigma_{n-1} > \nu\}.$$

Wir betrachten nun den Prozeß $(X_n', V_n')_{n\in N_0}$ mit

$$\begin{aligned} X_0' &= X_0 \\ X_1' &= X_{\sigma_1} \quad \text{und} \quad V_0' = \tau_{\sigma_1} \\ &\vdots \\ X_n' &= X_{\sigma_n} \quad \text{und} \quad V'_{n-1} = \tau_{\sigma_n} - \tau_{\sigma_{n-1}}. \end{aligned}$$

Dabei ist $\tau_n = \sum_{k=0}^{n-1} V_k$ (vgl. Definition 1.1).

Dieser Prozeß ist ein Markovscher Erneuerungsprozeß mit

$$\begin{aligned} \mathsf{P}_\pi(X'_{n+1} &= y, V_n' \leqq t \mid X_n' = x) \\ &= \sum_{l=1}^{\infty} \mathsf{P}_\pi\Big(X_{\sigma_n+l} = y, X_{\sigma_n+\alpha} \in f^{-1}\big(f(x)\big): 1 \leqq \alpha < l, \\ &\qquad \sum_{\beta=1}^{l} V_{\sigma_n+\beta} \leqq t \mid X_{\sigma_n} = x\Big) \\ &= \sum_{l=1}^{\infty} \sum_{\substack{x_\nu \in f^{-1}(f(x)) \\ (x_0 = x)}} (Q_{xx_1} * Q_{x_1x_2} * \dots * Q_{x_{l-1}y})\,(t) \\ &= H_{xy}(t) \end{aligned}$$

unabhängig von der Anfangsverteilung π. Dies ergibt sich aus der starken Markov-Eigenschaft von $(X_n, V_n)_{n\in N_0}$.

Nach Satz 5.2 ist die Bedingung (5.13) notwendig und hinreichend für die Vergröberbarkeit von (X_n', V'_n) bez. f. Wegen

$$f\big(X(t)\big) = f(X_n') \quad \text{für} \quad \tau_{\sigma_n} \leqq t < \tau_{\sigma_{n+1}},$$

d. h.

$$f\big(X(t)\big) = f(X'_{\tau'(t)}) \quad \text{mit} \quad \tau'(t) = \max\{n : \tau_{\sigma_n} \leqq t\}$$

ist also $\big(X(t)\big)_{t\in[0,\infty)}$ genau dann vergröberbar, falls (5.13) gilt. ∎

Als unmittelbare Folgerung (vgl. [32]) ergibt sich für spezielle semi-Markovsche Prozesse der

Satz 5.4. *Es seien* $(X(t))_{t\in[0,\infty)}$ *ein semi-Markovscher Prozeß mit den Übergangswahrscheinlichkeiten* $Q_{xy}(t)$, $(x, y \in X; t \geqq 0)$ *und* f *eine Funktion über dem Zustandsraum* X *mit Werten in* $M = \{1, \ldots, m_0\}$.

a) *Gilt* $p_{xy} = 0$, *falls* $f(x) = f(y)$ *ist, so ist* (5.12) (*vgl. Satz* 5.2) *notwendig und hinreichend für die Vergröberbarkeit von* $(X(t))_{t\in[0,\infty)}$ *bez.* f.

b) *Gilt für alle* $m, m' \in M$ *und* $t \geqq 0$

$$F_{xy}(t) = F_{x'y'}(t) \qquad (x, x' \in X^m; y, y' \in X^{m'}), \tag{5.16}$$

dann ist $(X(t))_{t\in[0,\infty)}$ *genau dann vergröberbar, falls für alle* $m, m' \in M$

$$\sum_{y\in X^{m'}} h_{xy} = \sum_{y\in X^{m'}} h_{x'y} \qquad (x, x' \in X^m) \tag{5.17}$$

mit

$$h_{xy} = \sum_{l=1}^{\infty} \sum_{\substack{x_\nu \in X^m \\ (x_0 = x)}} (p_{xx_1} \cdot p_{x_1x_2} \cdot \ldots \cdot p_{x_{l-1}y}) \tag{5.18}$$

gilt.

Bezeichnet $\hat{F}_{mm'}(t)$ *den gemeinsamen Wert für alle* $x \in X^m$ *und* $y \in X^{m'}$ *sowie* $\hat{p}_{mm'} = \sum_{y\in X^{m'}} h_{xy}$, *so sind*

$$\hat{Q}_{mm'}(t) = \hat{p}_{mm'} \hat{F}_{mm'}(t) \qquad (t \geqq 0) \tag{5.19}$$

die Übergangswahrscheinlichkeiten von $\left(f(X(t))\right)_{t\in[0,\infty)}$.

5.3. Im folgenden betrachten wir eine asymptotische Vergröberung für irreduzible semi-Markovsche Prozesse mit endlichem Zustandsraum X[1]), die von W. S. Koroljuk, A. F. Turbin u. a. (vgl. z. B. [18]) zur Analyse großer Systeme angegeben wurde. Bei dieser Vergröberung wird davon ausgegangen, daß die Übergangsmatrix der eingebetteten Markovschen Kette des betrachteten semi-

---

[1]) Diese Voraussetzung der Endlichkeit von X wird hier nur einer einfacheren Darstellung wegen getroffen, die angegebene Methode ist auch im abzählbaren Fall durchführbar (vgl. [18]).

Markovschen Prozesses (in einem noch zu präzisierenden Sinne) durch die Übergangsmatrix einer Markovschen Kette mit einer endlichen Anzahl von Klassen rekurrenter Zustände approximiert werden kann.
Es sei für $\varepsilon > 0$

$$\boldsymbol{Q}^{\varepsilon}(t) = \left(p_{xy}^{\varepsilon} F_{xy}(t)\right)_{x,y \in X} \qquad (t \geqq 0) \tag{5.20}$$

eine Familie semi-Markovscher Matrizen. Dabei wird vorausgesetzt, daß die Übergangsmatrizen

$$\boldsymbol{P}^{\varepsilon} = (p_{xy}^{\varepsilon})_{x,y \in X} \qquad (\varepsilon > 0) \tag{5.21}$$

der eingebetteten Markovschen Ketten die Form

$$\boldsymbol{P}^{\varepsilon} = \boldsymbol{P}^{0} - \varepsilon \boldsymbol{B} \tag{5.22}$$

haben, wobei

$$\boldsymbol{P}^{0} = (p_{xy}^{0})_{x,y \in X}$$

ebenfalls die Übergangsmatrix einer Markovschen Kette ist, d. h.

$$p_{xy}^{0} \geqq 0 \; (x, y \in X) \quad \text{und} \quad \sum_{y \in X} p_{xy}^{0} = 1 \; (x \in X).$$

Daraus folgt unmittelbar, daß die Zeilensummen der Matrix $\boldsymbol{B}$ gleich Null sind, d. h.

$$\sum_{y \in X} b_{xy} = 0 \quad \text{für} \quad \text{alle} \quad x \in X.$$

Schließlich wird davon ausgegangen, daß die durch $\boldsymbol{P}^{0}$ gegebene Markovsche Kette $r(< \infty)$ Klassen $X^1, \ldots, X^r$ $(\subset X)$ positiv rekurrenter Zustände besitzt. Man kann also voraussetzen, daß $\boldsymbol{P}^{0}$ eine dieser Zerlegung des Zustandsraumes X entsprechende Blockstruktur

$$\boldsymbol{P}^{0} = \begin{pmatrix} \boldsymbol{P}_1{}^{0} & 0 & \ldots & 0 \\ 0 & \boldsymbol{P}_2{}^{0} & \ldots & 0 \\ \vdots & \vdots & & \vdots \\ 0 & 0 & \ldots & \boldsymbol{P}_r{}^{0} \end{pmatrix} \tag{5.23}$$

mit

$$\boldsymbol{P}_k^0 = (p_{xy}^0)_{x,y \in X^k} \qquad (k = 1, \ldots, r)$$

besitzt. Die Matrix $\boldsymbol{B}$ kann dann entsprechend in der Form

$$\boldsymbol{B} = \begin{pmatrix} \boldsymbol{B}_{11} & \boldsymbol{B}_{12} & \ldots & \boldsymbol{B}_{1r} \\ \boldsymbol{B}_{21} & \boldsymbol{B}_{22} & \ldots & \boldsymbol{B}_{2r} \\ \vdots & \vdots & & \vdots \\ \boldsymbol{B}_{r1} & \boldsymbol{B}_{r2} & \ldots & \boldsymbol{B}_{rr} \end{pmatrix} \tag{5.24}$$

angegeben werden, wobei aus den obigen Voraussetzungen sich unmittelbar ergibt, daß

$$b_{xy} \leqq 0$$

für alle x, y mit $x \in X^k$ und $y \in X^{k'}$ $(k \neq k')$ gilt.

Entsprechend der Aussage des Satzes 1.1 sind dann durch $Q_{xy}^\varepsilon(t) = p_{xy}^\varepsilon F_{xy}(t)$, $x, y \in X$; $t \geqq 0$, (und eine beliebige Anfangsverteilung) für jedes $\varepsilon > 0$ ein Wahrscheinlichkeitsraum $(\Omega, \mathfrak{A}, \mathsf{P}_\varepsilon)$ und ein semi-Markovscher Prozeß $\big(X(t)\big)_{t \in [0,\infty)}$ gegeben. Davon ausgehend erhält man dann nach W. S. Koroljuk und A. F. Turbin die folgende grundlegende Aussage:

Satz 5.5. *Es sei* $\big(\boldsymbol{Q}^\varepsilon(t)\big)_{\varepsilon>0}$ $(t \geqq 0)$ *eine Familie semi-Markovscher Matrizen der Form*

$$Q_{xy}^\varepsilon(t) = p_{xy}^\varepsilon F_{xy}(t) \tag{5.25}$$

mit

$$p_{xy}^\varepsilon = p_{xy}^0 - \varepsilon b_{xy} \qquad (x, y \in X), \tag{5.22'}$$

die den folgenden Bedingungen genügt:

1. *Die durch* $\boldsymbol{P}^0$ *gegebene Markovsche Kette* $(\xi_n)_{n \in N}$ *besitze* r *Klassen* $X^1, \ldots, X^r$ *positiv rekurrenter Zustände. Dabei bezeichne* $\varkappa_k$ *die Anzahl der Zustände in* $X^k (k = 1, \ldots, r)$ *und* $\boldsymbol{\pi}^{(k)}$ *den* $\varkappa$*-dimensionalen Vektor* $\left(\varkappa = \sum_{k=1}^{r} \varkappa_k\right)$ *der zu* X^k *gehörenden stationären Anfangsverteilung.*

2. *Für alle* $k = 1, \ldots, r$ *sei*

$$c_{kk} = \boldsymbol{\pi}^{(k)T} \boldsymbol{B} \mathbf{1}^{(k)} \neq 0,^{1)} \tag{5.26}$$

d. h.

$$\sum_{x \in X^k} \pi_x^{(k)} \sum_{y \in X^k} b_{xy}^{(k,k)} \neq 0 \tag{5.27}$$

mit

$$\boldsymbol{B}_{kl} = (b_{xy}^{(k,l)})_{x \in X^k, y \in X^l} \qquad (k, l = 1, \ldots, r).$$

Dann gilt für

$$\Phi_{xy}^\varepsilon(t) = \mathsf{P}_\varepsilon \left(X\left(\frac{t}{\varepsilon}\right) = y \mid X(0) = x \right) \quad (t \geqq 0) \tag{5.28}$$

$$\lim_{\varepsilon \to 0} \Phi_{xy}^\varepsilon(t) = \mathfrak{p}_{kl}(t) \frac{\pi_y^{(l)} \nu_y^{(1)}}{\sum_{z \in X^l} \pi_z^{(l)} \nu_z^{(1)}} \tag{5.29}$$

falls $x \in X^k$ *und* $y \in X^l$ *ist.*
Dabei sind $\mathfrak{p}_{kl}(t)$ *die Übergangswahrscheinlichkeiten einer Markovschen Kette* $(\eta(t))_{t \in [0,\infty)}$ *mit dem Zustandsraum* $\mathfrak{X} = \{1, 2, \ldots, r\}$ *und der Intensitätsmatrix*

$$\boldsymbol{Q}_\eta = (q_{kl})_{k,l=1,\ldots,r}$$

mit

$$q_{kl} = -\frac{\pi^{(k)T} \boldsymbol{B} \mathbf{1}^{(l)}}{\sum_{z \in X^k} \pi_z^{(k)} \nu_z^{(1)}} \tag{5.30}$$

Beweis: 1. Für die Übergangswahrscheinlichkeiten $\Phi_{xy}^\varepsilon(t)$ gilt nach Satz 3.1 für $x, y \in X$, $\varepsilon > 0$ und $t \geqq 0$

$$\Phi_{xy}^\varepsilon(t) = \delta_{xy} \left(1 - \sum_{z \in X} Q_{xz}^\varepsilon \left(\frac{t}{\varepsilon} \right) \right) + \sum_{z \in X} \int_0^t Q_{xz}^\varepsilon \left(\frac{\mathrm{d}t'}{\varepsilon} \right) \Phi_{zy}^\varepsilon(t - t').$$

[1]) $\mathbf{1}^{(k)}$ bezeichne den $\varkappa$-dimensionalen Vektor, dessen l-te Komponente für $l = \varkappa_1 + \ldots + \varkappa_{k-1} + 1, \ldots, \varkappa_1 + \ldots + \varkappa_k$ gleich Eins, im anderen Falle gleich Null, ist.

Bezeichnet

$$\tilde{\Phi}^{\varepsilon}_{xy}(s) = \int_0^{\infty} e^{-st} \Phi^{\varepsilon}_{xy}(dt)$$

die Laplace-Stieltjes-Transformierte von Φ^{ε}_{xy}, so erhält man

$$\tilde{\Phi}^{\varepsilon}_{xy}(s) = \delta_{xy} \left(1 - \sum_{z \in X} \tilde{Q}^{\varepsilon}_{xz}(\varepsilon s)\right) + \sum_{z \in X} \tilde{Q}^{\varepsilon}_{xz}(\varepsilon s)\, \tilde{\Phi}^{\varepsilon}_{zy}(s)$$

und in Matrixform

$$\tilde{\boldsymbol{\Phi}}^{\varepsilon}(s) = \boldsymbol{D}^{\varepsilon}(\varepsilon s) + \tilde{\boldsymbol{Q}}^{\varepsilon}(\varepsilon s)\, \tilde{\boldsymbol{\Phi}}^{\varepsilon}(s)$$

mit

$$\boldsymbol{D}^{\varepsilon}(\varepsilon s) = \delta_{xy}\left(1 - \sum_{z \in X} \tilde{Q}^{\varepsilon}_{xz}(\varepsilon s)\right)_{x,y \in X}.$$

Also ist

$$\tilde{\boldsymbol{\Phi}}^{\varepsilon}(x) = \left(\boldsymbol{E} - \tilde{\boldsymbol{Q}}^{\varepsilon}(\varepsilon s)\right)^{-1} \boldsymbol{D}^{\varepsilon}(\varepsilon s)$$

und auf Grund von $e^{\xi} = \sum_{n=0}^{\infty} \frac{\xi^n}{n!}$ (ξ reell) ergibt sich

$$\tilde{\boldsymbol{\Phi}}^{\varepsilon}(s) = \left(\boldsymbol{E} - \boldsymbol{P}^0 + \varepsilon(\boldsymbol{B} + s\boldsymbol{G}) + o(\varepsilon)\right)^{-1} \boldsymbol{D}^{\varepsilon}(\varepsilon s)\text{[1]} \qquad (5.31)$$

mit

$$\boldsymbol{G} = (p^0_{xy} \nu^{(1)}_{xy})_{x,y \in X}.\text{[2]}$$

2. Es bezeichne

$$\boldsymbol{\pi} = \sum_{k=1}^{r} (\boldsymbol{1}^{(k)} \boldsymbol{\pi}^{(k)T}),$$

dann ergibt sich

$$\boldsymbol{\pi}(\boldsymbol{B} + s\boldsymbol{G})\boldsymbol{\pi} = \boldsymbol{\pi}\boldsymbol{B}\boldsymbol{\pi} + s\boldsymbol{\pi}\boldsymbol{G}\boldsymbol{\pi}$$

$$= \sum_{k=1}^{r} \sum_{l=1}^{r} (\boldsymbol{1}^{(k)} \boldsymbol{\pi}^{(k)T})\, \boldsymbol{B} (\boldsymbol{1}^{(l)} \boldsymbol{\pi}^{(l)T})$$

---

[1] $o(\varepsilon)$ – Landausches Symbol, d. h. $f(\varepsilon) = o(\varepsilon)$, falls $\lim_{\varepsilon \to 0} \frac{\|f(\varepsilon)\|}{\varepsilon} = 0$ gilt.

[2] Es wird $0 < \nu^{(1)}_{xy} < \infty$ vorausgesetzt.

$$+ s \sum_{k=1}^{r} \sum_{l=1}^{r} (\mathbf{1}^{(k)} \boldsymbol{\pi}^{(k)T}) \boldsymbol{G} (\mathbf{1}^{(l)} \boldsymbol{\pi}^{(l)T})$$

$$= \sum_{k=1}^{r} \sum_{l=1}^{r} \mathbf{1}^{(k)} (\boldsymbol{\pi}^{(k)T} \boldsymbol{B} \mathbf{1}^{(l)}) \, \boldsymbol{\pi}^{(l)T}$$

$$+ s \sum_{k=1}^{r} \sum_{l=1}^{r} \mathbf{1}^{(k)} (\boldsymbol{\pi}^{(k)T} \boldsymbol{G} \mathbf{1}^{(l)}) \, \boldsymbol{\pi}^{(l)T}$$

$$= \sum_{k=1}^{r} \sum_{l=1}^{r} \boldsymbol{\pi}^{(k)T} \boldsymbol{B} \mathbf{1}^{(l)} (\mathbf{1}^{(k)} \boldsymbol{\pi}^{(l)T})$$

$$+ s \sum_{k=1}^{r} \boldsymbol{\pi}^{(k)T} \boldsymbol{G} \mathbf{1}^{(k)} (\mathbf{1}^{(k)} \boldsymbol{\pi}^{(l)T}),$$

da auf Grund der Blockstruktur von $\boldsymbol{P}^0$

$$\boldsymbol{\pi}^{(k)T} \boldsymbol{G} \mathbf{1}^{(l)} = 0$$

für $k \neq l$ ist.

Bezeichnet $\boldsymbol{C} = (c_{kl})_{k,l=1,\ldots,r}$ mit

$$c_{kl} = \boldsymbol{\pi}^{(k)T} \boldsymbol{B} \mathbf{1}^{(l)}$$

und $\boldsymbol{D} = (d_{kl})_{k,l=1,\ldots,r}$ mit

$$d_{kl} = \delta_{kl} \boldsymbol{\pi}^{(k)T} \boldsymbol{G} \mathbf{1}^{(l)},$$

so ergibt sich

$$\boldsymbol{\pi}(\boldsymbol{B} + s\boldsymbol{G}) \, \boldsymbol{\pi} = \sum_{k=1}^{r} \sum_{l=1}^{r} c_{kl} (\mathbf{1}^{(k)} \boldsymbol{\pi}^{(l)T}) + s \sum_{k=1}^{r} d_{kk} (\mathbf{1}^{(k)} \boldsymbol{\pi}^{(k)T}).$$

Die Matrix $\boldsymbol{\pi}(\boldsymbol{B} + s\boldsymbol{G}) \, \boldsymbol{\pi}$ bildet also den r-dimensionalen Teilraum $\Sigma_r = \left\{ \sum_{i=1}^{r} \alpha_i \mathbf{1}^{(i)}, \ \alpha_i \text{ reell} \right\}$ in sich selbst ab, und die Matrix $(\boldsymbol{C} + s\boldsymbol{D})$ ist die Einschränkung von $\boldsymbol{\pi}(\boldsymbol{B} + s\boldsymbol{G}) \, \boldsymbol{\pi}$ auf Σ_r, wie die folgenden Beziehungen zeigen:

$$\left(\boldsymbol{\pi}(\boldsymbol{B} + s\boldsymbol{G}\right) \boldsymbol{\pi}) \sum_{i=1}^{r} \alpha_i \mathbf{1}^{(i)}$$

$$= \sum_{i=1}^{r} \alpha_i \left\{ \sum_{k=1}^{r} \sum_{l=1}^{r} c_{kl} \mathbf{1}^{(k)} (\boldsymbol{\pi}^{(l)T} \mathbf{1}^{(i)}) \right.$$

$$\left. + s \sum_{k=1}^{r} d_{kk} \mathbf{1}^{(k)} (\boldsymbol{\pi}^{(k)T} \mathbf{1}^{(i)}) \right\}$$

$$= \sum_{i=1}^{r} \alpha_i \left\{ \sum_{k=1}^{r} c_{ki} \mathbf{1}^{(k)} + d_{ii} \mathbf{1}^{(i)} \right\}.$$

3. Da $\boldsymbol{D} = (d_{kl})_{k,l=1,\ldots,r}$ eine Diagonalmatrix mit positiven Diagonalelementen

$$d_{kk} = \sum_{x \in X^k} \sum_{y \in X^k} \pi_x{}^{(k)} p_{xy} \nu_{xy}^{(1)}$$

$$= \sum_{x \in X^k} \pi_x{}^{(k)} \nu_x{}^{(1)}$$

ist, existiert $\boldsymbol{D}^{-1}$. Wegen

$$\boldsymbol{C} + s\boldsymbol{D} = \boldsymbol{D}(\boldsymbol{D}^{-1}\boldsymbol{C} + s\boldsymbol{E}) \qquad (s > 0)$$

folgt die Existenz von $(\boldsymbol{C} + s\boldsymbol{D})^{-1}$ aus der Invertierbarkeit von $(\boldsymbol{D}^{-1}\boldsymbol{C} + s\boldsymbol{E})$, die sich aus folgender Überlegung ergibt:

Entsprechend den angegebenen Voraussetzungen ist

$$c_{kk} \neq 0 \qquad (k = 1, \ldots, r),$$

$$c_{kl} = \boldsymbol{\pi}^{(k)} \boldsymbol{B} \mathbf{1}^{(l)} \leqq 0 \qquad (k \neq l)$$

sowie

$$\sum_{l=1}^{r} c_{kl} = \boldsymbol{\pi}^{(k)} \boldsymbol{B} \sum_{l=1}^{r} \mathbf{1}^{(l)} = 0,$$

da $\sum_{y \in X} b_{xy} = 0$ für alle $x \in X$ gilt. Folglich ergeben sich für die Elemente

$$q_{kl} = -\frac{c_{kl}}{\sum_{x \in X^k} \pi_x{}^{(k)} \nu_x{}^{(1)}} \qquad (k, l = 1, \ldots, r)$$

der Matrix $\mathcal{Q}_\eta = -\boldsymbol{D}^{-1}\boldsymbol{C}$ die folgenden Eigenschaften

(1) $\quad q_{kk} < 0 \qquad (k = 1, \ldots, r),$

(2) $\quad q_{kl} \geqq 0 \qquad (k \neq 1),$

(3) $\quad \sum_{l=1}^{r} q_{kl} = 0.$

Also stellt $\mathcal{Q}_\eta$ die Intensitätsmatrix einer Markovschen Kette $\big(\eta(t)\big)_{t\in[0,\infty)}$ mit stetiger Zeit und dem Zustandsraum

$$\mathfrak{X} = \{1, 2, \ldots, r\}$$

dar (vgl. Anhang A 2). Ein Übergang bei dieser Markovschen Kette aus einem Zustand k in einen Zustand l $(l \neq k)$ geschieht dabei mit der Wahrscheinlichkeit

$$\mathfrak{p}_{kl} = -\frac{c_{kl}}{c_{kk}} \qquad (k, l \in \mathfrak{X}), \tag{5.31}$$

während die Verweilzeit in einem Zustand k – unabhängig vom Zielzustand – exponential verteilt ist mit dem Parameter

$$\lambda_k = \frac{c_{kk}}{\sum\limits_{x\in X^k} \pi_x{}^{(k)} \nu_x{}^{(1)}}. \tag{5.32}$$

Also existiert $(\boldsymbol{D}^{-1}\boldsymbol{C} + s\boldsymbol{E})^{-1} = (-\mathcal{Q}_\eta + s\boldsymbol{E})^{-1}$ für $s > 0$ und folglich $(\boldsymbol{C} + s\boldsymbol{D})^{-1}$.

4. Nach W. S. Koroljuk und A. F. Turbin (vgl. [18]) gilt für eine Matrix $\boldsymbol{F}$ vom Typ $(\varkappa, \varkappa)$ und $\varepsilon > 0$

$$\big(\boldsymbol{E} - \boldsymbol{P}^0 + \varepsilon \boldsymbol{F} + o(\varepsilon)\big)^{-1} = \frac{1}{\varepsilon} \sum_{k=1}^{r} \sum_{l=1}^{r} f_{kl}^{(-1)} (\mathbf{1}^{(k)} \boldsymbol{\pi}^{(l)T}) + o\left(\frac{1}{\varepsilon}\right). \tag{5.33}$$

Dabei ist

$$F_{\Sigma_r}^{(-1)} = \big(f_{kl}^{(-1)}\big)_{k,l=1,\ldots,r}$$

die inverse Matrix der Einschränkung F_{Σ_r} von F auf Σ_r. Nach (5.31) erhält man

$$\tilde{\boldsymbol{\Phi}}^\varepsilon(s) = \big(\boldsymbol{E} - \boldsymbol{P}^0 + \varepsilon(\boldsymbol{B} + s\boldsymbol{G}) + o(\varepsilon)\big)^{-1} \boldsymbol{D}^\varepsilon(\varepsilon s)$$

$$= \big(\boldsymbol{E} - \boldsymbol{P}^0 + \varepsilon(\boldsymbol{B} + s\boldsymbol{G}) + o(\varepsilon)\big)^{-1} \big(\varepsilon\, s\boldsymbol{D}_0 + o(\varepsilon)\big) \quad (5.34)$$

mit

$$\boldsymbol{D}_0 = (\delta_{xy}\nu_x{}^{(1)})_{x,y\in X}\,.$$

Bezeichne $q_{kl}^{(-1)}(s)$, $(k, l = 1, \ldots, r)$ die Elemente der Matrix $(-\boldsymbol{Q}_\eta + s\boldsymbol{E})^{-1}$, so ergibt sich wegen

$$(\boldsymbol{C} + s\boldsymbol{D})^{-1} = (-\boldsymbol{Q}_\eta + s\boldsymbol{E})^{-1}\,\boldsymbol{D}^{-1}$$

und

$$(\boldsymbol{B} + s\boldsymbol{G})_{\Sigma_r} = (\boldsymbol{C} + s\boldsymbol{D})$$

(vgl. 2.) aus (5.33) und (5.34)

$$\lim_{\varepsilon\to 0} \tilde{\boldsymbol{\Phi}}^\varepsilon(s) = \lim_{\varepsilon\to 0} \left(\frac{1}{\varepsilon} \sum_{k=1}^{r} \sum_{l=1}^{r} \frac{q_{kl}^{(-1)}(s)}{\sum\limits_{x\in X^l} \pi_x{}^{(l)}\nu_x{}^{(1)}}\, \mathbf{1}^{(k)}\boldsymbol{\pi}^{(l)T} + o\left(\frac{1}{\varepsilon}\right)\right)$$

$$\times \big(\varepsilon\, s\boldsymbol{D}_0 + o(\varepsilon)\big)$$

$$= \sum_{k=1}^{r} \sum_{l=1}^{r} \frac{s q_{kl}^{(-1)}(s)}{\sum\limits_{x\in X^l} \pi_x{}^{(l)}\nu_x{}^{(1)}}\, \mathbf{1}^{(k)}\boldsymbol{\pi}^{(l)T}\boldsymbol{D}_0\,. \quad (5.35)$$

Bezeichne nun $\mathfrak{p}_{kl}(t) = \mathsf{P}_0\big(\eta(t) = l \mid \eta(0) = k\big)$ $(k, l = 1, \ldots, r;\, t \geqq 0)$ die Übergangswahrscheinlichkeiten der Markovschen Kette $\big(\eta(t)\big)_{t\in[0,\infty)}$, so folgt aus

$$\int_0^\infty \mathrm{e}^{-st}\, \mathrm{d}\mathrm{e}^{\boldsymbol{Q}_\eta t} = s(-\boldsymbol{Q}_\eta + s\boldsymbol{E})^{-1}\,{}^{1)}$$

und

$$\mathfrak{P}(t) = \big(\mathfrak{p}_{kl}(t)\big)_{k,l=1,\ldots,r} = \mathrm{e}^{\boldsymbol{Q}_\eta t}$$

---

[1]) $\mathrm{e}^{\boldsymbol{Q}_\eta t} = \boldsymbol{E}\, \frac{\boldsymbol{Q}_\eta t}{1!} + \frac{\boldsymbol{Q}_\eta{}^2 t^2}{2!} + \ldots$

(vgl. Anhang A. 2) die Beziehung

$$\int_0^\infty e^{-st}\,\mathfrak{p}_{kl}(dt) = s q_{kl}^{(-1)}(s) \qquad (k, l = 1, \ldots, r). \tag{5.36}$$

Weiter gilt

$$\frac{\mathbf{1}^{(k)}\pi^{(l)T}\boldsymbol{D}_0}{\sum\limits_{x\in X^l}\pi_x^{(l)}\nu_x^{(1)}} = (\sigma_{xy})_{x,y\in X}$$

mit

$$\sigma_{xy} = \begin{cases} \dfrac{\pi_y^{(l)}\nu_y^{(1)}}{\sum\limits_{z\in X^l}\pi_z^{(l)}\nu_z^{(1)}} & \text{für} \quad x \in X^k, y \in X^l, \\ 0 & \text{sonst}. \end{cases} \tag{5.37}$$

Aus (5.35), (5.36) und (5.37) erhält man für $x \in X^k$ und $y \in X^l$

$$\lim_{\varepsilon\to 0} \Phi^\varepsilon_{xy}(t) = \mathfrak{p}_{kl}(t)\,\frac{\pi_y^{(l)}\nu_y^{(1)}}{\sum\limits_{z\in X^l}\pi_z^{(l)}\nu_z^{(1)}},$$

was zu zeigen war. ∎

Wir bemerken noch, daß nach (4.26′) der Quotient

$$\frac{\pi_x^{(k)}\nu_x^{(1)}}{\sum\limits_{x\in X^k}\pi_x^{(k)}\nu_x^{(1)}}$$

der Grenzwert von $\mathsf{P}\big(X^{(k)}(t) = x \mid X^{(k)}(0) = z\big)$, $(x \in X^k$, $z \in X^k)$, für $t \to \infty$ ist, wobei $\big(X^{(k)}(t)\big)_{t\in[0,\infty)}$ den auf X^k durch $(p^0_{xy})_{x,y\in X^k}$ und $\big(F_{xy}(t)\big)_{x,y\in X^k}$ gegebenen (ungestörten) semi-Markovschen Prozeß darstellt.

Um die (durch den Prozeß $\big(\eta(t)\big)_{t\in[0,\infty)}$ gegebene) Möglichkeit der Vergröberung eines semi-Markovschen Prozesses darzustellen, betrachten wir r unabhängige Zufallsgrößen Y_k mit

$$\mathsf{P}_0(Y_k = x) = \begin{cases} \dfrac{\pi_x^{(k)}\nu_x^{(1)}}{\sum\limits_{x\in X^k}\pi_x^{(k)}\nu_x^{(1)}}, & x \in X^k, \\ 0, & x \in X \setminus X^k. \end{cases} \tag{5.38}$$

Folglich ist nach obigem Satz für $x \in X$

$$\lim_{\varepsilon \to 0} \mathsf{P}_\varepsilon\left(X\left(\frac{t}{\varepsilon}\right) = x\right) = \mathsf{P}_0(Y_{\eta(t)} = x); \tag{5.39}$$

und für eine Funktion φ mit

$$\varphi(x) = \begin{cases} k, & x \in X^k, \\ 0, & x \in X \setminus X^k, \end{cases}$$

ergibt sich die wesentliche Beziehung

$$\begin{aligned} &\mathsf{P}_0\big(\varphi(Y_{\eta(t+s)}) = l \mid \varphi(Y_{\eta(s)}) = k\big) \\ &\qquad = \mathsf{P}_0\big(\eta(t+s) = l \mid \eta(s) = k\big) = \mathfrak{p}_{kl}(t), \end{aligned} \tag{5.40}$$

die eine Vergröberungsmethode nahelegt.

Für die asymptotische Vergröberung eines semi-Markovschen Prozesses kann also nach Koroljuk und Turbin [17] folgende Vorgehensweise gewählt werden.

Es sei $\big(X(t)\big)_{t \in [0,\infty)}$ ein semi-Markovscher Prozeß mit der Matrix $\boldsymbol{Q}(t) = \big(Q_{xy}(t)\big)_{t \in [0,\infty)}$ und den Übergangswahrscheinlichkeiten $p_{xy}(x, y \in X)$ der eingebetteten Markovschen Kette. Kann eine Zerlegung von $\boldsymbol{P} = (p_{xy})_{x,y \in X}$ in der Form

$$\boldsymbol{P} = \boldsymbol{P}^0 - \boldsymbol{B}$$

angegeben werden mit den folgenden Eigenschaften (A) – (E), so ist $\big(X(t)\big)_{t \in [0,\infty)}$ asymptotisch vergröberbar zu einer Markovschen Kette $\big(\eta(t)\big)_{t \in [0,\infty)}$ mit dem Zustandsraum

$$\mathfrak{X} = \{1, \ldots, r\}$$

und der Intensitätsmatrix

$$\boldsymbol{Q}_\eta = \left(-\frac{\boldsymbol{\pi}^{(k)T}\boldsymbol{B}\boldsymbol{1}^{(l)}}{\sum\limits_{x \in X^k} \pi_x^{(k)} \nu_x^{(1)}}\right)_{k,l=1,\ldots,r}.$$

Das Verhalten eines semi-Markovschen Prozesses kann also näherungsweise durch eine Markovsche Kette mit stetiger Zeit über dem „i. allg. kleineren" Zustandsraum $\mathfrak{X} = \{1, 2, \ldots, r\}$ beschrieben werden, falls gilt:

(A) $\boldsymbol{P}^0 = (p^0_{xy})_{x,y \in X}$ ist eine Übergangsmatrix, d. h. $p^0_{xy} \geqq 0$ und $\sum_{y \in X} p^0_{xy} = 1$.

(B) Die Markovsche Kette $(\xi_n)_{n \in N}$ mit der Übergangsmatrix $\boldsymbol{P}^0$ besitzt r Klassen X^k positiv rekurrenter Zustände, d. h. $X = \bigcup_{k=1}^{r} X^k$.

(C) In jeder Klasse X^k existiert genau eine stationäre Anfangsverteilung $\boldsymbol{\pi}^{(k)}$ für $(\xi_n)_{n \in N}$.

(D) $\boldsymbol{\pi}^{(k)T} \boldsymbol{B} \boldsymbol{1}^{(k)} \neq 0 \qquad (k = 1, \ldots, r)$.

(E) Die mittlere Verweilzeit $\nu_x^{(1)}$ in allen Zuständen $x \in X$ ist positiv und endlich.

6. Semi-Markovsche Entscheidungsprozesse

Neben den bisher betrachteten semi-Markovschen Prozessen sind zur Beschreibung von Systemen in zunehmendem Maße semi-Markovsche Prozesse von Interesse, deren Übergangswahrscheinlichkeiten und Verweilzeitverteilungen von einem Parameter abhängen. Durch Wahl eines Wertes dieses Parameters kann (z. B. in Abhängigkeit vom letzten Zustand) dahingehend auf den Prozeßverlauf Einfluß genommen werden, daß ein sich in Abhängigkeit von diesem Prozeßverlauf realisierender Ertrag maximiert bzw. ein Verlust minimiert wird.

6.1. Zunächst geben wir ein semi-Markovsches Entscheidungsmodell mit einem endlichen Zustandsraum X und einer endlichen Parametermenge D an, die wir im folgenden auch als *Entscheidungsraum* bezeichnen. Dabei seien für jede Entscheidung $d \in D$

p^d_{xy} – Übergangswahrscheinlichkeiten über X, d. h.

$$p^d_{xy} \geqq 0 \quad \text{und} \quad \sum_{y \in X} p^d_{xy} = 1 \qquad (x, y \in X)$$

und

F^d_{xy} — Verteilungsfunktionen über $[0, \infty)$ der Verweilzeit im Zustand x bei einem Übergang nach y $(x, y \in X)$

gegeben.

Weiter bezeichnen wir eine Funktion $\delta : x \to \delta(x)$, die jedem Zustand $x \in X$ eine Entscheidung $\delta(x) \in D$ zuordnet, als eine *(stationäre) Strategie*[1]) (oder *Entscheidungsfunktion*) und $\mathfrak{D}$ als Menge aller dieser Strategien.

Die Funktionsweise eines semi-Markovschen Entscheidungsmodells sieht dabei folgendermaßen aus. Ausgehend von einem Startzustand x, der entsprechend einer Anfangsverteilung $(a_x)_{x\in X}$ gewählt wird, erfolgt ein Übergang in einen nächsten Zustand y entsprechend den Übergangswahrscheinlichkeiten $p^{\delta(x)}_{xy}$. Die Verweilzeitdauer in x ist dabei nach $F^{\delta(x)}_{xy}$ verteilt. Danach findet der nächste Übergang in einen Zustand z mit der Wahrscheinlichkeit $p^{\delta(y)}_{yz}$ gemäß einer nach $F^{\delta(y)}_{yz}$ verteilten Verweilzeit in y statt usw. Das heißt, mittels einer Strategie kann bei jedem Übergang eine Entscheidung über den weiteren Verlauf des semi-Markovschen Prozesses getroffen werden.

Für jede Strategie δ erhält man folglich einen semi-Markovschen Prozeß, gegeben durch eine Anfangsverteilung $(a_x)_{x\in X}$, Übergangswahrscheinlichkeiten $p^\delta_{xy} = p^{\delta(x)}_{xy}$ $(x, y \in X)$ und Verweilzeitverteilungsfunktionen $F^\delta_{xy} = F^{\delta(x)}_{xy}$. Nach Satz 1.1 existiert dann zu jeder Strategie δ ein Wahrscheinlichkeitsraum $(\Omega, A, \mathsf{P}_\delta)$ und ein semi-Markovscher Prozeß $\big(X(t)\big)_{t\in[0,\infty)} : X(t) = X_{\tau(t)}$ mit Werten in X, der Anfangsverteilung

$$\mathsf{P}_\delta\big(X(0) = x\big) = a_x$$

und

$$\mathsf{P}_\delta(X_{n+1} = y,\, V_n \leqq t \mid X_n = x) = p^\delta_{xy} F^\delta_{xy}(t) \qquad (6.1)$$

für $x, y \in X$ und $t \geqq 0$.

Der durch $(a_x)_{x\in X}$, $(p^\delta_{xy})_{x,y\in X}$ und $(F^\delta_{xy})_{x,y\in X}$ gegebene semi-

[1]) In der englischsprachigen Literatur i. allg. als policy (Politik) bezeichnet.

Markovsche Prozeß $(X(t))_{t\in[0,\infty)}$ über $(\Omega, A, \mathsf{P}_\delta)$ heißt ein *semi-Markovscher Entscheidungsprozeß*.

Schließlich geben wir nun noch eine Ertrags- (oder Gewinn-) Struktur an, die einen sich in Abhängigkeit vom Prozeßverlauf realisierenden Ertrag beschreibt.[1]) Diese Ertragsstruktur wird durch zwei Funktionen für jede Entscheidung $d \in D$ beschrieben:

$$r^d : (x, y, t) \to r^d(x, y, t) \qquad (t \geqq 0; x, y \in X)$$

und

$$r_*{}^d : (x, y, t, u) \to r_*{}^d(x, y, t; u) \quad (0 \leqq t \leqq u; x, y \in X)$$

Wir setzen voraus, daß r^d und $r_*{}^d$ Borel-meßbar bez. t sind und

$$\begin{aligned} r_*{}^d(x, y, 0; u) &= 0 \qquad (x, y \in X; u \geqq 0), \\ r^d(x, y, t) &\geqq r_*{}^d(x, y, t; t) \end{aligned} \tag{6.2}$$

gilt.

Dabei wird davon ausgegangen, daß sich nach einer Verweilzeit t im Zustand x und einem Übergang nach y (nach eben dieser Verweilzeit t) sich der (terminale) Ertrag $r^d(x, y, t)$ realisiert, falls die Entscheidung $d \in D$ gewählt wurde. Weiterhin liegt der obigen Definition zugrunde, daß sich bei einer Aufenthaltsdauer t im Zustand x und einem Übergang nach y (nach einer Verweilzeit u) der (kumulative) Ertrag $r_*{}^d(x, y, t; u)$ ergibt, falls die Entscheidung $d \in D$ gewählt wurde.

Für eine Strategie δ ist dann die Gewinnstruktur durch $(r^\delta, r_*{}^\delta)$ mit

$$r^\delta(x, y, t) = r^{\delta(x)}(x, y, t) \qquad (t \geqq 0; x, y \in X)$$

sowie

$$r_*{}^\delta(x, y, t; u) = r_*{}^{\delta(x)}(x, y, t; u) \quad (0 \leqq t \leqq u; x, y \in X)$$

gegeben.

---

[1]) Es handelt sich dabei um eine Verallgemeinerung einer von JEWELL [12] angegebenen Gewinnstruktur.

Zusammenfassend kann also die Funktionsweise eines semi-Markovschen Entscheidungsmodells mit einer Gewinnstruktur wie folgt angegeben werden. Startet das betrachtete System zum Zeitpunkt Null im Zustand x, so wird entsprechend der gewählten Strategie δ der Zustand x eine nach F^{δ}_{xy} verteilte zufällige Zeitdauer $\tau(x, y, \delta)$ beibehalten, um danach (mit der Wahrscheinlichkeit $p^{\delta(x)}_{xy}$) in y überzugehen. Während sich das System in x befindet, summiert sich der Ertrag bis zum Zeitpunkt $t < \tau(x, y, \delta)$ zu einem Wert $r_*^{\delta(x)}(x, y, t; \tau(x, y, \delta))$. Für den nach Ablauf der $\tau(x, y, \delta)$ vollzogenen Übergang wird summarisch der Ertrag $r^{\delta(x)}(x, y, \tau(x, y, \delta))$ für den Zeitraum der Länge $\tau(x, y, \delta)$ erzielt.

6.2. Die Hauptaufgabe bei semi-Markovschen Entscheidungsmodellen mit einer Gewinnstruktur besteht natürlich darin, ein Kriterium dafür anzugeben, welche Strategie als optimal anzusehen ist und wie eine derartige Strategie ermittelt werden kann. In diesem Unterabschnitt beschäftigen wir uns mit einem Optimalitätskriterium, um dann davon ausgehend eine Methode zur Ermittlung optimaler Strategie herzuleiten.

Aus den abschließenden Überlegungen des voranstehenden Unterabschnittes resultiert unmittelbar die folgende

Definition 6.1. Es sei $(X(t))_{t\in[0,\infty)}$ ein semi-Markovscher Entscheidungsprozeß mit der Strategie δ und der Gewinnstruktur $(r^{\delta}, r_*^{\delta})$. Dann heißt

$$\begin{aligned} V^{\delta}(t) = {} & r_*^{\delta}(X_0, X_1, t; V_0)\, \chi_{(t,\infty)}(V_0) \\ & + \left\{ \sum_{k=0}^{\tau(t)-1} r^{\delta}(X_k, X_{k+1}, V_k) \right. \qquad (6.3) \\ & \left. + r_*^{\delta}\left(X_{\tau(t)}, X_{\tau(t)+1}, t - \sum_{k=0}^{\tau(t)-1} V_k;\, V_{\tau(t)}\right)\right\} \chi_{[0,t]}(V_0) \end{aligned}$$

der *Gesamtertrag bis zum Zeitpunkt t.*

Falls bis zum Zeitpunkt t also kein Übergang erfolgt — d. h. $\chi_{(t,\infty)}(V_0) = 1$ und $\chi_{[0,t]}(V_1) = 0$ —, ist der Gesamtertrag gleich dem kumulativen Ertrag bis zum Zeitpunkt t. Falls bis zum Zeitpunkt t mindestens ein Übergang stattfand — d. h. $\chi_{[0,t]}(V_0) = 1$ und $\chi_{(t,\infty)}(V_0) = 0$ —, ist der Gesamtertrag gleich der Summe aus den terminalen Erträgen für alle bis t erfolgten Übergänge und dem kumulativen Ertrag für die seit dem letzten Übergang vergangene Zeit $t - \sum_{k=0}^{\tau(t)} V_k$.

Für die erwarteten bedingten Gesamtgewinne erhält man nun ein System von Erneuerungsgleichungen.

Satz 6.1. *Es bezeichne für eine Strategie* δ

$$v_x^\delta(t) = \mathsf{E}_\delta\big(V^\delta(t) \mid X_0 = x\big)\ ^{1)} \tag{6.4}$$

$(t \geqq 0, x \in X)$.

Dann gilt

$$v_x^\delta(t) = \sum_{y \in X} \left\{ \int_t^\infty r_*^\delta(x, y, t; u)\, Q_{xy}^\delta(du) + \int_0^t r^\delta(x, y, u)\, Q_{xy}^\delta(du) \right.$$
$$\left. + \int_0^t v_y^\delta(t-u)\, Q_{xy}^\delta(du) \right\}.$$

Beweis: Bezeichnet man $\mathsf{E}_\delta(. \mid x_0 = x) = \mathsf{E}_{\delta,x}(.)$, dann ergibt sich für den bedingten Erwartungswert des Gesamtgewinns $V^\delta(t)$:

$$\mathsf{E}_{\delta,x}\big(V^\delta(t)\big) = \mathsf{E}_{\delta,x}\big(r_*^\delta(X_0, X_1, t; V_0)\, \chi_{(t,\infty)}(V_0)\big)$$
$$+ \mathsf{E}_{\delta,x}\big(r^\delta(X_0, X_1, V_0)\, \chi_{[0,t]}(V_0)\big)$$
$$+ \mathsf{E}_{\delta,x}\big(r^\delta(X_1, X_2, V_1)\, \chi_{[0,t]}(V_0)\big)$$
$$+ \mathsf{E}_{\delta,x}\left(\sum_{k=2}^{\tau(t)-1} r^\delta(X_k, X_{k+1}, V_k)\, \chi_{[0,t]}(V_0)\right)$$

[1]) Dabei ist $\mathsf{E}_\delta(. \mid X_0 = x)$ der Erwartungswert bez. des bedingten Wahrscheinlichkeitsmaßes $\mathsf{P}_\delta(. \mid X_0 = x)$.

$$+ \mathsf{E}_{\delta,x}\left(r_*{}^\delta\left(X_{\tau(t)}, X_{\tau(t)+1}, t - \sum_{k=0}^{\tau(t)-1} V_k;\; V_{\tau(t)}\right) \chi_{[0,t]}(V_0)\right). \tag{6.5}$$

Für die ersten beiden Summanden erhält man ausgehend von der Definition des bedingten Erwartungswertes

$$\mathsf{E}_{\delta,x}\big(r_*{}^\delta(X_0, X_1, t; V_0)\, \chi_{(t,\infty)}(V_0)\big)$$

$$= \sum_{y\in X} p_{xy}^\delta \int_t^\infty r_*{}^\delta(x, y, t; u)\, F_{xy}^\delta(\mathrm{d}u), \tag{6.6}$$

$$\mathsf{E}_{\delta,x}\big(r^\delta(X_0, X_1, V_0)\, \chi_{[0,t]}(V_0)\big)$$

$$= \sum_{x\in X} p_{xy}^\delta \int_0^t r^\delta(x, y, u)\, F_{xy}^\delta(\mathrm{d}u). \tag{6.7}$$

Weiter ist entsprechend der schon mehrfach herangezogenen Erneuerungseigenschaft semi-Markovscher Prozesse (vgl. Abschnitt 3)

$$\mathsf{E}_{\delta,x}\big(r^\delta(X_1, X_2, V_1)\, \chi_{[0,t]}(V_0)\big)$$

$$= \sum_{y\in X} p_{xy}^\delta \int_0^t \mathsf{E}_{\delta,y}\big(r^\delta(X_0, X_1, V_0)\, \chi_{[0,t-u]}(V_0)\big)\, F_{xy}^\delta(\mathrm{d}u), \tag{6.8}$$

$$\mathsf{E}_{\delta,x}\left(\sum_{k=2}^{\tau(t)-1} r^\delta(X_k, X_{k+1}, V_k)\, \chi_{[0,t]}(V_0)\right)$$

$$= \sum_{y\in X} p_{xy}^\delta \int_0^t \mathsf{E}_{\delta,y}\left(\sum_{k=1}^{\tau(t-u)-1} r^\delta(X_k, X_{k+1}, V_k)\, \chi_{[0,t-u]}(V_0)\right)$$

$$\times\; F_{xy}^\delta(\mathrm{d}u) \tag{6.9}$$

sowie

$$\mathsf{E}_{\delta,x}\left(r_*{}^\delta\left(X_{\tau(t)}, X_{\tau(t)+1}, t - \sum_{k=0}^{\tau(t)-1} V_k;\; V_{\tau(t)}\right) \chi_{[0,t]}(V_0)\right) =$$

$$= \sum_{y \in X} p_{xy}^{\delta} \int_0^t \mathsf{E}_{\delta,y}\big(r_*^{\delta}(X_0, X_1, t-u; V_0)\, \chi_{(t-u,\infty)}(V_0)\big)\, F_{xy}^{\delta}(\mathrm{d}u)$$

$$+ \sum_{y \in X} p_{xy}^{\delta} \int_0^t \mathsf{E}_{\delta,y}\left(r_*^{\delta}\left(X_{\tau(t-u)}, X_{\tau(t-u)+1}, t-u-\sum_{k=0}^{\tau(t-u)-1} V_k;\right.\right.$$

$$\left.\left. V_{\tau(t-u)}\right)\, \chi_{[0,t-u]}(V_0)\right)\, F_{xy}^{\delta}(\mathrm{d}u). \qquad (6.10)$$

Aus (6.6), (6.7) einerseits und (6.8), (6.9), (6.10) andererseits folgt dann

$$\mathsf{E}_{\delta,x}\big(V^{\delta}(t)\big)$$

$$= \sum_{y \in X} \left\{\int_t^{\infty} r_*^{\delta}(x, y, t; u)\, Q_{xy}^{\delta}(\mathrm{d}u) + \int_0^t r^{\delta}(x, y, u)\, Q_{xy}^{\delta}(\mathrm{d}u)\right\}$$

$$+ \sum_{y \in X} \int_0^t \mathsf{E}_{\delta,y} \left\{ r_*^{\delta}(X_0, X_1, t-u; V_0)\, \chi_{(t-u,\infty)}(V_0)\right.$$

$$+ \sum_{k=0}^{\tau(t-u)-1} r^{\delta}(X_k, X_{k+1}, V_k)\, \chi_{[0,t-u]}(V_0)$$

$$+ r_*^{\delta}\left(X_{\tau(t-u)}, X_{\tau(t-u)+1}, t-u-\sum_{k=0}^{\tau(t-u)-1} V_k; V_{\tau(t-u)}\right)$$

$$\left.\chi_{[0,t-u]}(V_0)\right\} Q_{xy}^{\delta}(\mathrm{d}u).$$

Folglich erhält man dann die Behauptung

$$\mathsf{E}_{\delta}\big(V^{\delta}(t) \mid X_0 = x\big)$$

$$= \sum_{y \in X} \left\{\int_t^{\infty} r_*^{\delta}(x, y, t; u)\, Q_{xy}^{\delta}(\mathrm{d}u) + \int_0^t r^{\delta}(x, y, u)\, Q_{xy}^{\delta}(\mathrm{d}u)\right.$$

$$\left. + \int_0^t v_y^{\delta}(t-u)\, Q_{xy}^{\delta}(\mathrm{d}u)\right\}. \quad \blacksquare \qquad (6.5')$$

Die Grundlage für die weiteren Überlegungen, die zur Definition eines geeigneten Optimalitätskriteriums führen, ist der folgende Satz von JEWELL [13], der hier in einer verallgemeinerten Form angegeben wird. Es stellt sich nämlich heraus, daß unter geeigneten Voraussetzungen der mittlere Gewinn $v_x^\delta(t)$ asymptotisch (d. h. für $t \to \infty$) linear in t ist.

Satz 6.2. *Es sei $(X(t))_{t\in[0,\infty)}$ ein semi-Markovscher Entscheidungsprozeß mit der Strategie δ und der Gewinnstruktur (r^δ, r_*^δ), der die folgenden Voraussetzungen erfüllt:*

a) *Die eingebettete Markovsche Kette $(X_n)_{n\in N_0}$ ist ergodisch mit der stationären Anfangsverteilung $\pi^\delta = (\pi^\delta_x)_{x\in X}$.*

b) *Für alle $x \in X$ sind die Verteilungsfunktionen G^δ_{xx} der x-Erneuerungen des semi-Markovschen Entscheidungsprozesses $(X(t))_{t\in[0,\infty)}$ nicht gitterförmig.*

c) *Für alle $x \in X$ gilt*

$$q_x^\delta = \sum_{y\in X} \int_0^\infty r^\delta(x, y, u)\, Q^\delta_{xy}(\mathrm{d}u) < \infty,$$

und

$$r_x^\delta(t) - q_x^\delta$$

ist über $[0, \infty)$ direkt integrierbar, dabei bezeichnet

$$r_x^\delta(t) = \sum_{y\in X} \left\{ \int_t^\infty r_*^\delta(x, y, t; u)\, Q^\delta_{xy}(\mathrm{d}u) + \int_0^t r^\delta(x, y, u)\, Q^\delta_{xy}(\mathrm{d}u) \right\}, \tag{6.11}$$

d. h.

$$r_x^\delta(t) - q_x^\delta = \sum_{y\in X} \int_t^\infty \left(r_*^\delta(x, y, t; u) - r^\delta(x, y, u)\right) Q^\delta_{xy}(\mathrm{d}u). \tag{6.12}$$

d) *Für alle $x, y \in X$ ist $0 < \nu_y^{\delta(1)} < \infty$ und $\nu_{xy}^{\delta(2)} < \infty$ mit*

$$\nu_y^{\delta(1)} = \sum_{z\in X} p^\delta_{xz} \int_0^\infty t\, F^\delta_x(\mathrm{d}t)$$

und

$$\nu_{xy}^{\delta(2)} = \int_0^\infty t^2 F_{xy}^\delta(\mathrm{d}t).$$

Dann gilt

$$\lim_{t\to\infty} \left(v_x{}^\delta(t) - (g^\delta t + w_x{}^\delta)\right) = 0 \tag{6.13}$$

mit

$$g^\delta = \frac{\sum\limits_{y\in X} \pi_y{}^\delta q_y{}^\delta}{\sum\limits_{y\in X} \pi_y{}^\delta \nu_y{}^{\delta(1)}} \tag{6.14}$$

und

$$w_x{}^\delta = q_x{}^\delta + \sum_{y\in X} \left\{q_y{}^\delta \left(\frac{\mu_{yy}^{\delta(2)}}{2(\mu_{yy}^{\delta(1)})^2} - \frac{\mu_{xy}^{\delta(1)}}{\mu_{yy}^{\delta(1)}}\right) - \frac{\eta_y{}^\delta}{\mu_{yy}^{\delta(1)}}\right\} \tag{6.15}$$

$$\left(\eta_y{}^\delta = \int_0^\infty \left(q_y{}^\delta - r_y{}^\delta(t)\right) \mathrm{d}t\right).\,[1]$$

Beweis: 1. Nach Satz 6.1 ist

$$v_x{}^\delta(t) = r_x{}^\delta(t) + \sum_{y\in X} \int_0^t v_y{}^\delta(t-u)\, Q_{xy}^\delta(\mathrm{d}u).$$

In vektorieller Schreibweise lautet diese Gleichung

$$\boldsymbol{v}^\delta(t) = \boldsymbol{r}^\delta(t) + (\underset{\sim}{\boldsymbol{Q}}^\delta * \boldsymbol{v}^\delta)\,(t),$$

so daß man beim Übergang zur Laplace-Stieltjes-Transformierten $\tilde{\boldsymbol{v}}^\delta(s) = \int_0^\infty \mathrm{e}^{-st}\, \boldsymbol{v}^\delta(\mathrm{d}t)$ die Beziehung

$$\tilde{\boldsymbol{v}}^\delta(s) = \tilde{\boldsymbol{r}}^\delta(s) + \tilde{\underset{\sim}{\boldsymbol{Q}}}^\delta(s)\, \tilde{\boldsymbol{v}}^\delta(s)$$

erhält, d. h.

$$\tilde{\boldsymbol{r}}^\delta(s) = \left(\boldsymbol{E} - \tilde{\underset{\sim}{\boldsymbol{Q}}}^\delta(s)\right) \tilde{\boldsymbol{v}}^\delta(s).$$

---

[1]) Auch im nicht-ergodischen Fall, sowie für gitterförmige Erneuerungsfunktionen konnten entsprechende Resultate von T. Ewers und V. Nollau erhalten werden (vgl. [23]).

Entsprechend Folgerung 3.1 ergibt sich dann

$$\tilde{\boldsymbol{v}}^{\delta}(s) = \left(\boldsymbol{E} + \tilde{\boldsymbol{R}}^{\delta}(s)\right) \tilde{\boldsymbol{r}}^{\delta}(s)$$

und nach Rücktransformation

$$\boldsymbol{v}^{\delta}(t) = \boldsymbol{r}^{\delta}(t) + (\boldsymbol{R}^{\delta} * \boldsymbol{r}^{\delta})(t)$$

bzw. in Komponentenschreibweise

$$v_x{}^{\delta}(t) = r_x{}^{\delta}(t) + \sum_{y \in X} \int_0^t r_y{}^{\delta}(t-u)\, R_{xy}^{\delta}(\mathrm{d}u).$$

2. Ausgehend von dieser Gleichung erhält man

$$\begin{aligned} v_x{}^{\delta}(t) &= r_x{}^{\delta}(t) + \sum_{y \in X} q_y{}^{\delta} \left[R_{xy}^{\delta}(t) - \frac{t}{\mu_{yy}^{\delta(1)}} + \frac{t}{\mu_{yy}^{\delta(1)}}\right] \\ &\quad - \sum_{y \in X} \int_0^t \left(q_y{}^{\delta} - r_y{}^{\delta}(t-u)\right) R_{xy}^{\delta}(\mathrm{d}u) \\ &= \left(\sum_{y \in X} \frac{q_y{}^{\delta}}{\mu_{yy}^{\delta(1)}}\right) t + r_x{}^{\delta}(t) + \sum_{y \in X} q_y{}^{\delta} \left[R_{xy}^{\delta}(t) - \frac{t}{\mu_{yy}^{\delta(1)}}\right] \\ &\quad - \sum_{y \in X} \int_0^t \left(q_y{}^{\delta} - r_y{}^{\delta}(t-u)\right) R_{xy}^{\delta}(\mathrm{d}u). \end{aligned}$$

3. Weiter erhält man unmittelbar — der Zustandsraum X ist endlich —

$$\lim_{t \to \infty} r_x{}^{\delta}(t) = q_x{}^{\delta}.$$

Außerdem ergibt sich, falls $\mu_{yy}^{\delta(1)} > 0$ (vgl. (3.13)) ist (vgl. Anhang A 3),

$$\begin{aligned} &\lim_{t \to \infty} \sum_{y \in X} q_y{}^{\delta} \left[R_{xy}^{\delta}(t) - \frac{t}{\mu_{yy}^{\delta(1)}}\right] \\ &= \sum_{y \in X} q_y{}^{\delta} \left[\frac{\mu_{yy}^{\delta(2)}}{2(\mu_{yy}^{\delta(1)})^2} - \frac{\mu_{xy}^{\delta(1)}}{\mu_{yy}^{\delta(1)}}\right] \end{aligned}$$

($\mu_{yy}^{\delta(2)} < \infty$ (vgl. (3.13)) folgt aus der Voraussetzung $\nu_{xy}^{\delta(2)} < \infty$ für alle $x, y \in X$, vgl. Unterabschnitt 3.3) und entsprechend dem Haupterneuerungssatz (vgl. Anhang A 3)

$$\lim_{t\to\infty} \sum_{y\in X} \int_0^t \left(q_y{}^\delta - r_y{}^\delta(t-u)\right) R_{xy}^\delta(\mathrm{d}u) = \sum_{y\in X} \frac{\eta_y{}^\delta}{\mu_{yy}^{\delta(1)}}.$$

Folglich ist

$$\lim_{t\to\infty} \left(v_x{}^\delta(t) - \sum_{y\in X} \frac{q_y{}^\delta}{\mu_{yy}^{\delta(1)}} t\right)$$

$$= q_x{}^\delta + \sum_{y\in X} \left\{ q_y{}^\delta \left(\frac{\mu_{yy}^{\delta(2)}}{2(\mu_{yy}^{\delta(1)})^2} - \frac{\mu_{xy}^{\delta(1)}}{\mu_{yy}^{\delta(1)}} \right) - \frac{\eta_y{}^\delta}{\mu_{yy}^{\delta(1)}} \right\}.$$

Wie im Unterabschnitt 3.3 (3.17) angegeben wurde, ist

$$\mu_{yy}^{\delta(1)} = \frac{1}{\pi_y{}^\delta} \sum_{x\in X} \pi_x{}^\delta \nu_x{}^{\delta(1)} > 0,$$

da nach Voraussetzung $\nu_x{}^{\delta(1)} > 0$ für alle $x \in X$ gilt. Außerdem erhält man

$$g^\delta = \sum_{y\in X} \frac{q_y{}^\delta}{\mu_{yy}^{\delta(1)}} = \frac{\sum_{y\in X} \pi_y{}^\delta q_y{}^\delta}{\sum_{y\in X} \pi_y{}^\delta \nu_y{}^{\delta(1)}}, \tag{6.14}$$

woraus dann unmittelbar die Behauptung dieses Satzes folgt. ∎

Die Aussage gibt nun die Möglichkeit, die Optimalität einer Strategie zu definieren, da der asymptotische Anstieg g^δ des mittleren Ertrages $v_x{}^\delta(t)$ (der im hier betrachteten ergodischen Fall unabhängig von x ist) als asymptotisch mittlerer Ertrag pro Zeiteinheit interpretiert werden kann.

Definition 6.2. Es seien $\left(X(t)\right)_{t\in[0,\infty)}$ semi-Markovsche Entscheidungsprozesse mit den Strategien $\delta \in \mathfrak{D}$. Dann heißt eine Strategie δ^*-*optimal*, falls

$$g^{\delta^*} = \max_{\delta \in \mathfrak{D}} g^{\delta} \qquad (6.17)$$

gilt.

Diese Definition ist insbesondere für die ursprüngliche Problematik, den mittleren Gewinn zu optimieren, deshalb sinnvoll, da aus $g^{\delta'} > g^{\delta''}(\delta', \delta'' \in \mathfrak{D})$ für hinreichend große t die Beziehung

$$v_x^{\delta'}(t) > v_x^{\delta''}(t)$$

folgt.

Ist nämlich $w_x^{\delta'} \geqq w_x^{\delta''}$, so ergibt sich $g^{\delta'}t + w_x^{\delta'} > g^{\delta''}t + w_x^{\delta''}$, und nach Satz 6.3 für hinreichend große t wird $v_x^{\delta'}(t) > v_x^{\delta''}(t)$. Falls $w_x^{\delta'} < w_x^{\delta''}$ gilt, so ergibt sich für $t > \dfrac{w_x^{\delta''} - w_x^{\delta'}}{g^{\delta'} - g^{\delta''}}$ die Beziehung

$$(g^{\delta'} - g^{\delta''})\, t > w_x^{\delta''} - w_x^{\delta'},$$

d. h.

$$g^{\delta'}t + w_x^{\delta'} > g^{\delta''}t + w_x^{\delta''},$$

woraus für hinreichend große t ebenfalls $v_x^{\delta'}(t) > v_x^{\delta''}(t)$ folgt.

6.3. Auf welche Weise kann nun eine optimale Strategie δ^* ermittelt werden? Auf diese Fragen gehen wir im folgenden ein. Dabei wird davon ausgegangen, daß die Koeffizienten g^{δ} und $w_x^{\delta}(x \in X)$ einem linearen Gleichungssystem genügen.

Folgerung 6.1. *Die Koeffizienten g^{δ} und $(w_x^{\delta})_{x\in X}$ sind Lösungen des Gleichungssystems*

$$w_x^{\delta} + g^{\delta}\nu_x^{\delta(1)} = q_x^{\delta} + \sum_{y\in X} p_{xy}^{\delta} w_y^{\delta} \quad (x \in X). \qquad (6.18)$$

Beweis: Wie im Unterabschnitt 3.3.b) angegeben wurde, ist

$$\mu_{xy}^{\delta(1)} = \nu_x^{\delta(1)} + \sum_{z\in X\setminus\{y\}} p_{xz}^{\delta}\mu_{zy}^{\delta(1)}, \qquad (3.16)$$

woraus sich

$$\sum_{y\in X}\frac{q_y{}^\delta}{\mu_{yy}^{\delta(1)}}\mu_{xy}^{\delta(1)}=\sum_{y\in X}\frac{q_y{}^\delta}{\mu_{yy}^{\delta(1)}}\nu_x{}^{\delta(1)}+\sum_{y\in X}\sum_{z\in X\setminus\{y\}}\frac{q_y{}^\delta}{\mu_{yy}^{\delta(1)}}p_{xz}^\delta\mu_{zy}^{\delta(1)}$$

und

$$\sum_{y\in X}\frac{q_y{}^\delta}{\mu_{yy}^{\delta(1)}}\mu_{xy}^{\delta(1)}-\sum_{y\in X}\frac{q_y{}^\delta}{\mu_{yy}^{\delta(1)}}\nu_x{}^{\delta(1)}$$

$$=\sum_{y\in X}\sum_{z\in X}\frac{q_y{}^\delta}{\mu_{yy}^{\delta(1)}}p_{xz}^\delta\mu_{zy}^{\delta(1)}-\sum_{y\in X}\frac{q_y{}^\delta}{\mu_{yy}^{\delta(1)}}p_{xy}^\delta\mu_{yy}^{\delta(1)}.$$

ergibt.

Durch Addition geeigneter Größen auf beiden Seiten der letzten Gleichung und eine Vertauschung der Indizes erhält man

$$q_x{}^\delta+\sum_{y\in X}q_y{}^\delta\frac{\mu_{yy}^{\delta(2)}}{2(\mu_{yy}^{\delta(1)})^2}-\sum_{y\in X}q_y{}^\delta\frac{\mu_{xy}^{\delta(1)}}{\mu_{yy}^{\delta(1)}}-\sum_{y\in X}\frac{\eta_y{}^\delta}{\mu_{yy}^{\delta(1)}}$$

$$+\sum_{y\in X}\frac{q_y{}^\delta}{\mu_{yy}^{\delta(1)}}\nu_x{}^{\delta(1)}=q_x{}^\delta+\sum_{y\in X}p_{xy}^\delta\Bigg(q_y{}^\delta+\sum_{z\in X}q_z{}^\delta\frac{\mu_{zz}^{\delta(2)}}{2(\mu_{zz}^{\delta(1)})^2}$$

$$-\sum_{z\in X}q_z{}^\delta\frac{\mu_{yz}^{\delta(1)}}{\mu_{zz}^{\delta(1)}}-\sum_{z\in X}\frac{\eta_z{}^\delta}{\mu_{zz}^{\delta(1)}}\Bigg),$$

d. h.

$$w_x{}^\delta+g^\delta\nu_x{}^{\delta(1)}=q_x{}^\delta+\sum_{y\in X}p_{xy}^\delta w_y{}^\delta, \qquad (6.18)$$

was zu zeigen war. ∎

Wie man unmittelbar feststellt, ist das Gleichungssystem

$$W_x+G\nu_x{}^{\delta(1)}=q_x{}^\delta+\sum_{y\in X}p_{xy}^\delta W_y \qquad (x\in X) \qquad (6.19)$$

bez. w_x, $x \in X$, und G nicht eindeutig lösbar. Neben

$$W_x=w_x{}^\delta,\ x\in X, \quad \text{und} \quad G=g^\delta$$

sind für jedes reelle c auch

$$W_x = w_x{}^\delta + c \quad \text{und} \quad G = g^\delta$$

Lösungen dieses Gleichungssystems.
Für einen beliebigen Zustand $x_0 \in X$ sind folglich

$$v_x{}^\delta = w_x{}^\delta - w^\delta_{x_0} \quad \text{und} \quad g^\delta \qquad (x \in X)$$

ebenfalls eine Lösung von (6.19).

Das lineare Gleichungssystem (6.20), das durch Einsetzen von $v_x{}^\delta$ und g^δ aus (6.19) hervorgeht, hat dann die Form

$$v_x{}^\delta + g^\delta \nu_x{}^{\delta(1)} = q_x{}^\delta + \sum_{y \in X \setminus \{x_0\}} p^\delta_{xy} v_y{}^\delta \quad (x \in X \setminus \{x_0\}), \tag{6.20}$$

$$g^\delta \nu^{\delta(1)}_{x_0} = q^\delta_{x_0} + \sum_{y \in X \setminus \{x_0\}} p^\delta_{x_0 y} v_y{}^\delta. \tag{6.21}$$

Von E. V. Denardo und B. L. Fox (vgl. [5]) wurde gezeigt, daß das lineare Gleichungssystem (bez. $V_x (x \in X)$ und G!)

$$V_x + G \nu_x{}^{\delta(1)} = q_x{}^\delta + \sum_{y \in X \setminus \{x_0\}} p^\delta_{xy} V_y \qquad (x \in X \setminus \{x_0\})$$

$$G \nu^{\delta(1)}_{x_0} = q^\delta_{x_0} + \sum_{x \in X \setminus \{x_0\}} p^\delta_{x_0 y} V_y \tag{6.22}$$

eindeutig lösbar ist, und zwar mit der Lösung

$$V_x = v_x{}^\delta \qquad (x \in X) \quad \text{und} \quad G = g^\delta.$$

Diese Eigenschaft ergibt sich auch aus nachfolgender Überlegung, wobei wir folgende Bezeichnungen verwenden:

$$\boldsymbol{V}_0 = (V_x)_{x \in X \setminus \{x_0\}},$$

$$\boldsymbol{\nu}_0 = (\nu_x{}^{\delta(1)})_{x \in X \setminus \{x_0\}},$$

$$\boldsymbol{q}_0{}^\delta = (q_x{}^\delta)_{x \in X \setminus \{x_0\}},$$

$$\boldsymbol{p}_0^\delta = (p_{x_0 y}^\delta)_{y \in X \setminus \{x_0\}},$$
$$\boldsymbol{P}_0^\delta = (p_{xy}^\delta)_{x,y \in X \setminus \{x_0\}}.$$

Also hat (6.22) die Form

$$\boldsymbol{V}_0 + G\boldsymbol{v}_0^\delta = \boldsymbol{q}_0^\delta + \boldsymbol{P}_0^\delta \boldsymbol{V}_0, \qquad G v_{x_0}^\delta = q_{x_0}^\delta + (\boldsymbol{p}_0^\delta)^T \boldsymbol{V}_0.$$

Da nach Voraussetzung $\boldsymbol{P}^\delta = (p_{xy}^\delta)_{x,y \in X}$ die Übergangsmatrix einer ergodischen Markovschen Kette ist, besitzt die Matrix $(\boldsymbol{E} - \boldsymbol{P}^\delta)$ eine Inverse. Folglich erhält man

$$\boldsymbol{V}_0 = (\boldsymbol{E} - \boldsymbol{P}_0^\delta)^{-1} (\boldsymbol{q}_0^\delta - G\boldsymbol{v}_0^\delta) \tag{6.23}$$

und

$$G v_{x_0}^\delta = q_{x_0}^\delta + (\boldsymbol{p}_0^\delta)^T (\boldsymbol{E} - \boldsymbol{P}_0^\delta)^{-1} (\boldsymbol{q}_0^\delta - G\boldsymbol{v}_0^\delta),$$

woraus sich

$$G = \frac{q_{x_0}^\delta + (\boldsymbol{p}_0^\delta)^T (\boldsymbol{E} - \boldsymbol{P}_0^\delta)^{-1} \boldsymbol{q}_0^\delta}{v_{x_0}^\delta + (\boldsymbol{p}_0^\delta)^T (\boldsymbol{E} + \boldsymbol{P}_0^\delta)^{-1} \boldsymbol{v}_0^\delta} \tag{6.24}$$

ergibt; (6.22) ist also eindeutig lösbar. Entsprechend (6.20), (6.21) sind diese eindeutigen Lösungen

$$V_x = v_x^\delta \qquad (x \in X) \quad \text{und} \quad G = g^\delta.$$

Ausgehend von diesen Überlegungen kann nun ein Algorithmus zur Bestimmung einer optimalen Strategie konstruiert werden. Dieser Algorithmus wurde von R. A. Howard (vgl. z. B. [11]) erstmalig für Markovsche Entscheidungsprozesse angegeben.

Verallgemeinerungen dieses Howard-Algorithmus für semi-Markovsche Entscheidungsprozesse im hier behandelten ergodischen Fall gehen auf Jewell und R. A. Howard [12, 13 und 11] zurück, während für den nicht-ergodischen Fall der Howard-Algorithmus von T. Ewers und V. Nollau in [23] dargestellt wurde.

Die Grundlage dieses Howard-Algorithmus beinhaltet der folgende

Satz 6.3. *Es sei $\delta \in \mathfrak{D}$ eine Strategie eines semi-Markovschen Entscheidungsprozesses. Eine weitere Strategie $\varepsilon \in \mathfrak{D}$*

sei so gewählt, daß für jeden Zustand $x \in X$ genau einer der Fälle

$$\text{a)}\quad v_x{}^\delta + g^\delta \nu_x{}^{\varepsilon(1)} < q_x{}^\varepsilon + \sum_{y \in X} p^\varepsilon_{xy} v_y{}^\delta, \tag{6.25}$$

$$\text{b)}\quad \delta(x) = \varepsilon(x)$$

eintritt. Falls $\varepsilon \neq \delta$[1]) *ist, so gilt*

$$g^\delta < g^\varepsilon.$$

Beweis: Für einen Zustand $x \in X$, der die Bedingung b) erfüllt, ist wegen

$$p^\varepsilon_{xy} = p^{\varepsilon(x)}_{xy} = p^{\delta(x)}_{xy} = p^\delta_{xy} \qquad (x, y \in X),$$

$$F^\varepsilon_{xy}(t) = F^{\varepsilon(x)}_{xy}(t) = F^{\delta(x)}_{xy}(t) = F^\delta_{xy}(t) \qquad (x, y \in X;\, t \geqq 0)$$

sowie

$$r^\varepsilon(x, y, t) = r^{\varepsilon(x)}(x, y, t) = r^{\delta(x)}(x, y, t) = r^\delta(x, y, t),$$
$$(x, y \in X;\, t \geqq 0),$$

$$\nu_x{}^{\varepsilon(1)} = \sum_{y \in X} p^\varepsilon_{xy} \int_0^\infty t\, F^\varepsilon_{xy}(\mathrm{d}t) = \nu_x{}^{\delta(1)}$$

und

$$q_x{}^\varepsilon = \sum_{y \in X} p^\varepsilon_{xy} \int_0^\infty r^\varepsilon(x, y, t)\, F^\varepsilon_{xy}(\mathrm{d}t) = q_x{}^\delta.$$

Folglich ergibt sich entsprechend (6.20), (6.21)

$$v_x{}^\delta + g^\delta \nu_x{}^{\varepsilon(1)} = q_x{}^\varepsilon + \sum_{y \in X} p^\varepsilon_{xy} v_y{}^\delta.$$

Falls $\varepsilon \neq \delta$ ist, so gilt $\delta(x) \neq \varepsilon(x)$ für mindestens einen Zustand x; nach Voraussetzung liegt dann für x der Fall a) vor, d. h.

$$v_x{}^\delta + g^\delta \nu_x{}^{\varepsilon(1)} < q_x{}^\varepsilon + \sum_{y \in X} p^\varepsilon_{xy} v_y{}^\delta.$$

---

[1]) Die Ungleichheitsrelation zwischen zwei Vektoren $\boldsymbol{u} = (u_x)_{x \in X}$ und $\boldsymbol{v} = (v_x)_{x \in X}$ sind wie folgt erklärt: $\boldsymbol{u} \neq \boldsymbol{v}$: Für mindestens ein $x \in X$ gilt $u_x \neq v_x$.

Bezeichnet $(\pi_x^\varepsilon)_{x\in X}$ die stationäre Anfangsverteilung der eingebetteten Markovschen Kette des semi-Markovschen Entscheidungsprozesses mit der Strategie ε, so erhält man entsprechend den vorangehenden Überlegungen

$$\sum_{x\in X} \pi_x^\varepsilon v_x^\delta + g^\delta \sum_{x\in X} \pi_x^\varepsilon \nu_x^{\varepsilon(1)} < \sum_{x\in X} \pi_x^\varepsilon q_x^\varepsilon + \sum_{x\in X} \pi_x^\varepsilon \sum_{y\in X} p_{xy}^\varepsilon v_y^\delta .$$

Auf Grund von $\sum_{x\in X} \pi_x^\varepsilon p_{xy}^\varepsilon = \pi_y^\varepsilon$ ist dann

$$g^\delta < \frac{\sum_{x\in X} \pi_x^\varepsilon q_x^\varepsilon}{\sum_{x\in X} \pi_x^\varepsilon \nu_x^{\varepsilon(1)}} = g^\varepsilon .$$

Durch dieses Resultat und die eindeutige Lösbarkeit von (6.22) ist der in Tabelle 1 angegebene Algorithmus (Howard-Algorithmus) begründet.

Bei diesem Algorithmus handelt es sich — die Endlichkeit des Zustands- und Aktionenraumes wie oben vorausgesetzt — um ein finites Verfahren, d. h., nach endlich vielen Iterationsschritten erhält man eine optimale Strategie. Ist nämlich nach einem Iterationsschritt $\varepsilon = \delta$, so stellt entsprechend [3] ε die optimale Strategie dar. Erhält man hingegen $\varepsilon \neq \delta$, so folgt nach Satz 4.3 die Beziehung $g^\varepsilon > g^\delta$. Wegen der Eindeutigkeit der Lösung von (6.22) kann bei diesem Algorithmus jede Strategie höchstens einmal auftreten, die Endlichkeit der Menge der Strategien sichert dann das Erreichen einer optimalen Strategie nach endlich vielen Iterationsschritten.

Wir bemerken noch, daß der angegebene Howard-Algorithmus auch dann anwendbar ist, wenn die Menge der in einem Zustand $x \in X$ möglichen Entscheidungen D_x eine echte Teilmenge der Menge aller Entscheidungen ist, d. h. $D_x \subsetneqq D$. Eine Strategie δ heißt dann zulässig, wenn für alle $x \in X$ stets $\delta(x) \in D_x$ gilt. Die Menge $\tilde{\mathfrak{D}}$ der zulässigen Strategie ist dann eine echte Teilmenge der Menge aller Strategien $\mathfrak{D}$, d. h. $\tilde{\mathfrak{D}} \subsetneqq \mathfrak{D}$.

Tabelle 1
Howard-Algorithmus

Man wähle eine beliebige Anfangsstrategie δ [1]

↓

Man löse das Gleichungssystem [2]

$$V_x + C\nu_x{}^{\delta(1)} = q_x{}^{\delta} + \sum_{x \in X} p^{\delta}_{xy} V_y$$

mit $V_x = 0$ für $x = x_0$ (x_0 beliebig) bez. $V_x(x \in X \setminus \{x_0\})$ und ggf. G.

↓

Zu jedem $x \in X$ bestimmte man die Teilmenge von Entscheidungen [3]

$$E(x) = \left\{ \gamma'(x) : \gamma' \in \mathfrak{D} \quad \text{und} \quad \frac{1}{\nu_x{}^{\gamma'(1)}} \left[q_x{}^{\gamma'} + \sum_{y \in X} p^{\gamma'}_{xy} v_y{}^{\delta} - v_x{}^{\delta} \right] \right.$$

$$\left. = \max_{\gamma \in \mathfrak{D}} \frac{1}{\nu_x{}^{\gamma(1)}} \left[q_x{}^{\gamma} + \sum_{y \in X} p^{\gamma}_{xy} v_y{}^{\delta} - v_x{}^{\delta} \right] \right\}$$

Ist $\delta(x) \in E(x)$, so setze man $\varepsilon(x) = \delta(x)$, anderenfalls $\varepsilon(x) = \gamma'(x) \in E(x)$ beliebig.

↓ ↓

Gilt $\varepsilon \neq \delta$, setze man das Verfahren mit ε fort. (→ zurück zu [2])

Gilt $\varepsilon = \delta$, so ist δ optimal

An einem derartigen Beispiel, das von A. Kirchheim, H. Matzke und K. H. Müller [15] angegeben wurde, demonstrieren wir die Anwendung des Howard-Algorithmus. Betrachtet wird ein technologisches System, das sich aus mehreren Elementen zusammensetzt. Bei diesem System sind die folgenden für die Funktionsweise wesentlichen Zustände x von Interesse:

$x = \mathrm{I}$: alle Elemente sind intakt,

$x = \mathrm{II}$: ein Element ist ausgefallen und das System arbeitet,

$x = \text{III}$: zwei Elemente sind ausgefallen und das System arbeitet,
$x = \text{IV}$: das System ist ausgefallen.

Weiterhin kommen folgende Entscheidungen d in Frage:

$d = 1$: keine Pflege und Wartung,
$d = 2$: Pflege und Wartung Stufe I,
$d = 3$: Pflege und Wartung Stufe II,
$d = 4$: Pflege,
$d = 5$: Reparatur und Pflege,
$d = 6$: beschleunigte Reparatur ohne Pflege,
$d = 7$: Reparatur, keine Pflege
$d = 8$: Reparatur ohne Pflege,
$d = 9$: beschleunigte Reparatur mit Pflege,
$d = 10$: teilweise Reparatur,
$d = 11$: sofortige Reparatur,
$d = 12$: große Reparatur,
$d = 13$: Hilfe von außerhalb.

Dabei sind

$$D_{\text{I}} = \{1, 2, 3\},$$

$$D_{\text{II}} = \{4, 5, 6\},$$

$$D_{\text{III}} = \{7, 8, 9\} \quad \text{und}$$

$$D_{\text{IV}} = \{10, 11, 12, 13\}.$$

Die Übergangswahrscheinlichkeiten $p_{xy}^d(x, y \in X; d \in D_x)$ auf dem Zustandsraum $X = \{\text{I, II, III, IV}\}$ sind der Tabelle 2 zu entnehmen.

Für die mittleren (bedingten) Verweilzeiten $\nu_{xy}^{(1)d} = \int\limits_0^\infty tF_{xy}^d(\mathrm{d}t)$ und die mittleren Erträge (**halbfett** gedruckt) $q_{xy}^d = \int\limits_0^\infty r^d(x, y, t)\, F_{xy}^d(\mathrm{d}t)$ wird beim Übergang in den Zustand y aus x von den Werten in Tabelle 3 ausgegangen.

Tabelle 2

d	$x \downarrow$ $y \rightarrow$	I	II	III	IV
1		0	0,7	0	0,3
2	I	0	0,8	0	0,2
3		0	0,9	0	0,1
4		0,5	0	0,3	0,2
5	II	0,5	0	0,4	0,1
6		0,7	0	0,2	0,1
7		0	0,6	0	0,4
8	III	0	0,7	0	0,3
9		0	0,9	0	0,1
10		0,2	0,4	0,4	0
11	IV	0,1	0,6	0,3	0
12		1,0	0	0	0
13		0,4	0,4	0,2	0

Tabelle 3

d	$x \downarrow$ $y \rightarrow$	I		II		III		IV	
1				5	**7,5**			6	**8**
2	I			5	**7**			8	**10**
3				6	**4**			10	**6**
4		2	**3**			6	**9**	8	**10**
5	II	2	**2**			8	**8**	8	**9**
6		1	**2**			5	**6**	6	**9**
7				2	**3**			9	**6**
8	III			1	**2**			7	**5**
9				0,5	**1**			0,5	**3**
10		3	**−4**	3	**−4**	3	**−4**		
11	IV	2	**−5**	1	**−3**	1	**−3**	[1])	
12		5	**−8**						
13		1	**−4**	1	**−3**	1	**−3**		

[1]) Hier ist ein negativer Ertrag natürlich als Kosten (Verlust) zu interpretieren.

Daraus resultieren die folgenden mittleren Verweilzeiten

$$\nu_x^{(1)d} = \sum_{y \in X} p_{xy}^d \int_0^\infty t F_{xy}^d(\mathrm{d}t)$$

und die mittleren Erträge

$$q_x^d = \sum_{y \in X} p_{xy}^d \int_0^\infty r^d(x, y, t)\, F_{xy}^d(\mathrm{d}t)$$

(siehe Tabelle 4).

Tabelle 4

d	x	$\nu_x^{(1)d}$	q_x^d
1	I	5,3	7,65
2	I	5,6	7,6
3	I	6,4	4,2
4	II	4,4	6,2
5	II	5,0	5,1
6	II	2,3	3,5
7	III	4,8	4,2
8	III	2,8	2,9
9	III	0,5	1,2
10	IV	3,0	−4,0
11	IV	1,1	−3,2
12	IV	5,0	−8,0
13	IV	1,0	−3,4

Wie man ohne größere Schwierigkeiten feststellt, liegt hier der oben behandelte ergodische Fall (vgl. [15]) vor. Wählt man also z. B. als Anfangsstrategie δ:

$$\delta(x) = \begin{cases} 1 \text{ für } x = \mathrm{I}, \\ 5 \text{ für } x = \mathrm{II}, \\ 7 \text{ für } x = \mathrm{III}, \\ 11 \text{ für } x = \mathrm{IV}, \end{cases}$$

so ergibt sich im 1. Iterationsschritt des Howard-Algorithmus das folgende Gleichungssystem [2]:

$$V_{\mathrm{I}} \quad + 5{,}3 \cdot G = 7{,}65 + 0{,}7 V_{\mathrm{II}}$$

$$V_{\mathrm{II}} \quad + 5{,}0 \cdot G = 5{,}1 + 0{,}5 V_{\mathrm{I}} + 0{,}4 V_{\mathrm{III}}$$

$$V_{\mathrm{III}} + 4{,}8 \cdot G = 4{,}2 + 0{,}6 V_{\mathrm{II}}$$

$$1{,}1 \cdot G = -3{,}2 + 0{,}1 V_{\mathrm{I}} + 0{,}6 V_{\mathrm{II}} + 0{,}3 V_{\mathrm{III}}$$

mit $V_{\mathrm{IV}} = 0$, für dessen Lösungen man die Werte

$$V_{\mathrm{I}} \quad = v_{\mathrm{I}}^{\delta} = 6{,}106,$$

$$V_{\mathrm{II}} \quad = v_{II}^{\delta} = 4{,}667,$$

$$V_{\mathrm{III}} = v_{III}^{\delta} = 2{,}643,$$

$$V_{\mathrm{IV}} = v_{IV}^{\delta} = 0, \qquad \text{und}$$

$$G \quad = g^{\delta} = 0{,}9077$$

erhält. Für $x = \mathrm{I}$ ermittelt man dann nach [3] $E(\mathrm{I}) = \{2\}$ denn es ist

$$\frac{1}{\nu_{\mathrm{I}}^{\gamma'(1)}} [q_{\mathrm{I}}^{\gamma'} + \sum_{y \in X} p_{\mathrm{I}y}^{\gamma'} V_y - V_{\mathrm{I}}] = \begin{cases} 0{,}91 & \text{für } \gamma'(\mathrm{I}) = 1, \\ 0{,}93 & \text{für } \gamma'(\mathrm{I}) = 2, \\ 0{,}36 & \text{für } \gamma'(\mathrm{I}) = 3, \end{cases}$$

während man mit Hilfe entsprechender Rechnungen

$$E(\mathrm{II}) = \{6\}, \quad E(\mathrm{III}) = \{9\} \quad \text{und} \quad E(\mathrm{IV}) = \{13\}$$

hat. Man setzt nun das Verfahren fort, da

$$\varepsilon(x) = \begin{cases} 2 \text{ für } x = \mathrm{I}, \\ 6 \text{ für } x = \mathrm{II}, \\ 9 \text{ für } x = \mathrm{III}, \\ 13 \text{ für } x = \mathrm{IV}, \end{cases}$$

also $\varepsilon \neq \delta$ ist. Im zweiten Iterationsschritt ist dann das Gleichungssystem

$$V_{\mathrm{I}} + 5{,}6 \cdot G = 7{,}6 + 0{,}8 V_{\mathrm{II}}$$
$$V_{\mathrm{II}} + 2{,}3 \cdot G = 3{,}5 + 0{,}7 V_{\mathrm{I}} + 0{,}2 V_{\mathrm{III}}$$
$$V_{\mathrm{III}} + 0{,}5 \cdot G = 1{,}2 + 0{,}9 V_{\mathrm{II}}$$
$$G = -3{,}4 + 0{,}4 V_{\mathrm{I}} + 0{,}4 V_{\mathrm{II}} + 0{,}2 V_{\mathrm{III}}$$

zu lösen. Dabei ermittelt man

$$V_{\mathrm{I}} = v_{\mathrm{I}}^{\varepsilon} = 4{,}447,$$
$$V_{\mathrm{II}} = v_{\mathrm{II}}^{\varepsilon} = 4{,}731,$$
$$V_{\mathrm{III}} = v_{\mathrm{III}}^{\varepsilon} = 4{,}838,$$
$$V_{\mathrm{IV}} = v_{\mathrm{IV}}^{\varepsilon} = 0$$

und $G = g^{\varepsilon} = 1{,}2388$. Nach $\boxed{3}$ ergibt sich nun

$$E(\mathrm{I}) = \{2\}, \; E(\mathrm{II}) = \{6\}, \; E(\mathrm{III}) = \{9\}, \; E(\mathrm{IV}) = \{11\}$$

mit

$$V_{\mathrm{I}} = 4{,}274, \; V_{\mathrm{II}} = 4{,}563, \; V_{\mathrm{III}} = 4{,}684 \text{ und } V_{\mathrm{IV}} = 0$$

sowie $G = 1{,}2458$, woraus wiederum

$$E(\mathrm{I}) = \{2\}, \; E(\mathrm{II}) = \{6\}, \; E(\mathrm{III}) = \{9\}, \; E(\mathrm{IV}) = \{11\}$$

folgt.

Also sind die im 2. und 3. Iterationsschritt ermittelten Strategien identisch und damit optimal. Der optimale mittlere Gewinn pro Zeiteinheit ist — entsprechend obiger Rechnung —

$g_{\mathrm{opt}} = 1{,}2458$, und die optimale Strategie besteht darin,

- Pflege und Wartung Stufe I durchzuführen, falls alle Elemente intakt sind,

- eine beschleunigte Reparatur ohne Pflege durchzuführen, falls ein Element ausgefallen ist und das System arbeitet,
- eine beschleunigte Reparatur mit Pflege durchzuführen, falls zwei Elemente ausgefallen sind und das System arbeitet,
- eine sofortige Reparatur durchzuführen, falls das System ausgefallen ist.

7. Anwendungen

Semi-Markovsche Prozesse finden in zunehmendem Maße Anwendung in der Zuverlässigkeitstheorie (vgl. [7, 18, 30]), in der Bedienungstheorie (vgl. z. B. [8, 16]) sowie in der Theorie der stochastischen Automaten (vgl. z. B. [18]). Wir geben hier ein einfaches Beispiel (vgl. [7]) aus der Zuverlässigkeitstheorie und das Modell eines stochastischen Automaten mit zufälliger Taktlänge an.

7.1. Wir betrachten ein System, das aus zwei Geräten besteht. Falls die Geräte nicht repariert oder gewartet werden, ist eines dieser Geräte in Betrieb und das andere befindet sich in kalter Reserve. Das Gerät, das sich in Reserve befindet, wird nach $a (a > 0)$ Zeiteinheiten in Wartung genommen. Nach der Wartung, die $b (b > 0)$ Zeiteinheiten erfordert, ist das gewartete Gerät wieder einsatzbereit. Beim Ausfall des in Betrieb befindlichen Gerätes wird das Reservegerät sofort eingeschaltet, falls es nicht gerade gewartet wird. Befindet sich aber das Reservegerät in Wartung, so ist eine (zufällige) Umschaltzeit erforderlich, die die Verteilungsfunktion F_4 mit $\mu_4 = \int\limits_0^\infty tF_4(\mathrm{d}t) < \infty$ besitzt. Weiter sei vorausgesetzt, daß sich beide Geräte bez. Lebensdauer, Reparaturzeit und Wartung gleich verhalten und daß zu einem Zeitpunkt nur eine Reparatur oder eine Umschaltung oder eine Wartung durchgeführt werden kann. Setzt man voraus, daß die Lebensdauern der Geräte exponentialverteilt sind mit dem Parameter $\alpha (\alpha > 0)$ und die Reparaturzeiten exponentialverteilt sind mit dem Parameter $\beta (\beta > 0)$ sowie beide voneinander unabhängig sind, so kann die Funktionsweise des beschriebenen Systems durch einen semi-Markovschen Prozeß beschrieben werden. Dabei besteht der Zustandsraum X aus fünf Elementen:

Zustand 1: Ein Gerät ist intakt und arbeitet, das zweite Gerät befindet sich in kalter Reserve.

Zustand 2: Ein Gerät ist intakt und arbeitet, das zweite Gerät wird gewartet.

Zustand 3: Ein Gerät ist intakt und arbeitet, das zweite Gerät wird repariert.

Zustand 4: Ein Gerät ist defekt, das zweite Gerät wird umgeschaltet.

Zustand 5: Ein Gerät wird repariert, das zweite Gerät ist defekt.

Die möglichen Übergänge zwischen den einzelnen Zuständen sind dabei aus dem Graph in Abb. 8 ersichtlich.

Ist also z. B. der Zustand 3 eingetreten, so arbeitet ein Gerät und das andere wird repariert, es kann also ein Übergang in den Zustand 1 erfolgen (und zwar zum Zeitpunkt der Beendigung der Reparatur) oder das arbeitende Gerät fällt vor der Reparaturzeit aus, dann erfolgt ein Übergang in den Zustand 5.

Für die Übergangswahrscheinlichkeiten $Q_{xy}(t)$, $(x, y = 1, \ldots, 5; t \geqq 0)$ erhält man die in Tabelle 5 angegebenen Werte.

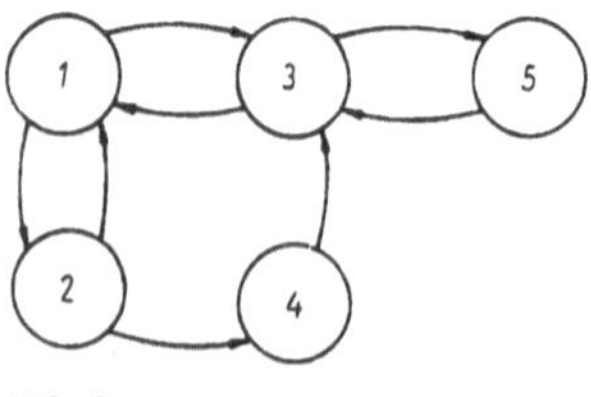

Abb. 8

Tabelle 5

x	für	Q_{x1}	Q_{x2}	Q_{x3}	Q_{x4}	Q_{x5}
1	$0 \leqq t < a$ $t \geqq a$	0	0 $e^{-\alpha a}$	$1 - e^{-\alpha t}$ $1 - e^{-\alpha a}$	0	0
2	$0 \leqq t < b$ $t \geqq b$	0 $e^{-\alpha b}$	0	0	$1 - e^{-\alpha t}$ $1 - e^{-\alpha b}$	0
3	$t \geqq 0$	$\frac{\beta}{\alpha + \beta}(1 - e^{-(\alpha+\beta t)})$	0	0	0	$\frac{\alpha}{\alpha + \beta}(1 - e^{-(\alpha+\beta t)})$
4	$t \geqq 0$	0	0	$F_4(t)$	0	0
5	$t \geqq 0$	0	0	$1 - e^{-\beta t}$	0	0

Die Übergangsmatrix der eingebetteten Markovschen Kette hat dann die Struktur

$$P = \begin{pmatrix} 0 & e^{-\alpha a} & 1 - e^{-\alpha a} & 0 & 0 \\ e^{-\alpha b} & 0 & 0 & 1 - e^{-\alpha b} & 0 \\ \dfrac{\beta}{\alpha + \beta} & 0 & 0 & 0 & \dfrac{\alpha}{\alpha + \beta} \\ 0 & 0 & 1 & 0 & 0 \\ 0 & 0 & 1 & 0 & 0 \end{pmatrix}$$

und besitzt eine stationäre Anfangsverteilung $(\pi_x)_{x=1,\ldots,5}$ mit

$$\pi_1 = \frac{\beta}{2\left(\beta\, e^{-\alpha a} + (\alpha + \beta)\,(1 - e^{-\alpha(a+b)})\right)},$$

$$\pi_2 = \frac{\beta\, e^{-\alpha a}}{2\left(\beta\, e^{-\alpha a} + (\alpha + \beta)\,(1 - e^{-\alpha(a+b)})\right)},$$

$$\pi_3 = \frac{(\alpha + \beta)\,(1 - e^{-\alpha(a+b)})}{2\left(\beta\, e^{-\alpha a} + (\alpha + \beta)\,(1 - e^{-\alpha(a+b)})\right)},$$

$$\pi_4 = \frac{\beta\, e^{-\alpha a}(1 - e^{-\alpha b})}{2\left(\beta\, e^{-\alpha a} + (\alpha + \beta)\,(1 - e^{-\alpha(a+b)})\right)}$$

und

$$\pi_5 = \frac{\alpha(1 - e^{-\alpha(a+b)})}{2\left(\beta\, e^{-\alpha a} + (\alpha + \beta)\,(1 - e^{-\alpha(a+b)})\right)}.$$

Für die Zustände 1, 2 und 3 arbeitet das System, damit ergibt sich für Zeiten lange nach Betriebsbeginn (d. h. für $t \to \infty$) als Wahrscheinlichkeit für ein intaktes — also arbeitendes — System

$$\lim_{t\to\infty} \left[\mathsf{P}(X(t) = 1) + \mathsf{P}(X(t) = 2) + \mathsf{P}(X(t) = 3)\right].$$

Nach einer Folgerung von Satz 4.3 ist

$$\lim_{t\to\infty} \mathsf{P}\big(X(t) = x\big) = \frac{\pi_x \nu_x^{(1)}}{\sum\limits_{x=1}^{5} \pi_x \nu_x^{(1)}} \tag{4.26'}$$

(unabhängig vom Startzustand), da der semi-Markovsche Prozeß im betrachteten Falle eine ergodische eingebettete Markovsche Kette besitzt.

Wie eine einfache Rechnung zeigt, sind

$$\nu_1^{(1)} = \frac{1 - e^{-\alpha a}}{\alpha}, \qquad \nu_2^{(1)} = \frac{1 - e^{-\alpha b}}{\alpha},$$

$$\nu_3^{(1)} = \frac{1}{\alpha + \beta}, \qquad \nu_4^{(1)} = \mu_4 \qquad \text{und} \qquad \nu_5^{(1)} = \frac{1}{\beta}$$

die mittlere Aufenthaltszeiten in den Zuständen $1, \ldots, 5$. Also ist

$$\lim_{t\to\infty} \sum_{x=1}^{3} \mathsf{P}\big(X(t) = x\big) = \frac{\sum\limits_{x=1}^{3} \pi_x \nu_x^{(1)}}{\sum\limits_{x=1}^{5} \pi_x \nu_x^{(1)}}$$

$$= \frac{\left(\frac{\beta}{\alpha} + 1\right)\left(1 - e^{-\alpha(a+b)}\right)}{\left(\frac{\beta}{\alpha} + 1 + \frac{\alpha}{\beta}\right)\left(1 - e^{-\alpha(a+b)}\right) + \beta\mu_4\, e^{-\alpha a}\left(1 - e^{-\alpha b}\right)}.$$

Außerdem kann man angeben, wie lange es im Mittel dauert, bis erstmalig beide Geräte nicht einsatzfähig sind, falls zu Beginn ein Gerät arbeitet und das andere sich in kalter Reserve befindet, d. h., falls der Zustand $x = 1$ vorliegt. Die in Frage kommende Zeitdauer ist also der Erwartungswert der Verweilzeit des das System beschreibenden semi-Markovschen Prozesses in der Menge $A = \{1, 2, 3\}$ unter der Bedingung $x = 1$. Da hier – wie an obigem Graph (Abb. 8) abzulesen ist — jeder Zustand aus $\bar{A} = \{4, 5\}$ von jedem Zustand aus $A = \{1, 2, 3\}$ erreicht werden kann, erhält man nach (3.26) für die mittleren (bedingten) Verweilzeiten in $A = \{1, 2, 3\}$

$$\mu_{1,A}^{(1)} = \nu_1^{(1)} + p_{11}\mu_{1,A}^{(1)} + p_{12}\mu_{2,A}^{(1)} + p_{13}\mu_{3,A}^{(1)},$$

$$\mu_{2,A}^{(1)} = \nu_2^{(1)} + p_{21}\mu_{1,A}^{(1)} + p_{22}\mu_{2,A}^{(1)} + p_{23}\mu_{3,A}^{(1)},$$

$$\mu_{3,A}^{(1)} = \nu_3^{(1)} + p_{31}\mu_{1,A}^{(1)} + p_{32}\mu_{2,A}^{(1)} + p_{33}\mu_{3,A}^{(1)};$$

in diesem konkreten Fall ergibt sich dabei

$$\mu_{1,A}^{(1)} = \frac{1 - e^{-\alpha a}}{\alpha} + e^{-\alpha a}\mu_{2,A}^{(1)} + (1 - e^{-\alpha a})\, \mu_{3,A}^{(1)}$$

$$\mu_{2,A}^{(1)} = \frac{1 - e^{-\alpha b}}{\alpha} + e^{-\alpha b}\mu_{1,A}^{(1)} \quad \text{und}$$

$$\mu_{3,A}^{(1)} = \frac{1}{\alpha + \beta} + \frac{\beta}{\alpha + \beta}\, \mu_{1,A}^{(1)}.$$

Also erhält man für die mittlere Zeitdauer der Einsatzfähigkeit des Systems, falls das System zu Beginn mit einem Gerät in kalter Reserve arbeitet,

$$\mu_{1,A}^{(1)} = \frac{1}{\alpha}\,\frac{(2\alpha + \beta)(1 - e^{-\alpha a}) + (\alpha + \beta)\, e^{-\alpha a}(1 - e^{-\alpha b})}{(\alpha + \beta)(1 - e^{-\alpha(a+b)}) - \beta(1 - e^{-\alpha a})}.$$

7.2. Neben den Markovschen Ketten können semi-Markovsche Prozesse zur Beschreibung von stochastischen Automaten herangezogen werden, und zwar insbesondere dann, wenn die Taktlänge zufälligen Charakter hat. Im folgenden betrachten wir die Funktionsweise eines stochastischen Automaten mit Hilfe eines semi-Markovschen Prozesses.[1])

---

[1]) Wir folgen hier weitgehend einer Darstellung von W. S. Koroljuk und A. F. Turbin [18]).

Ein stochastischer Automat $\mathscr{S}$ mit zufälliger Taktlänge (oder Reaktionszeit) ist dabei in der folgenden Weise definiert:

Es seien:

(A) $X = \{1, 2, \ldots, m\}$ eine nicht-leere endliche Menge (Zustandsmenge von $\mathscr{S}$);

(B) $\boldsymbol{E} = \{e_1, \ldots, e_N\}$ eine nicht-leere endliche Menge (Input-Alphabet von $\mathscr{S}$);

(C) $\{\boldsymbol{P}_e = \big(p_{xy}(e)\big)_{x,y \in X}; e \in \boldsymbol{E}\}$ eine Familie von Übergangsmatrizen mit

$$p_{xy}(e) \geqq 0 \quad \text{und} \quad \sum_{y \in X} p_{xy}(e) = 1 \qquad (x, y \in X)$$

für alle $e \in E$ (Übergangsgesetz in $\mathscr{S}$);

(D) $A = \{a_1, \ldots, a_M\}$ eine nicht-leere endliche Menge (Output-Alphabet von $\mathscr{S}$);

(E) $\alpha : y \to \alpha(y) \in A$ eine Funktion auf X mit Werten in A (Output-Funktion von $\mathscr{S}$);

(F) $\boldsymbol{R} = (r_{ae})_{a \in A, e \in E}$ eine Übergangsmatrix mit $r_{ae} \geqq 0$ und $\sum_{e \in F} r_{ae} = 1 (a \in A, e \in E)$ (Übergangsgesetz der (zufällig) reagierenden Umwelt U von $\mathscr{S}$);

(G) $\{\boldsymbol{F}(t) = \big(F_{xy}(t)\big)_{x,y \in X}\}_{t \geqq 0}$ eine Matrix von Verteilungsfunktionen mit $F_{xy}(t) = 0$ für $t < 0 (x, y \in X)$ (Verteilungsfunktionen der zufälligen Reaktionszeit (Taktlänge) im Zustand x unter der Bedingung eines Überganges in den Zustand y);

(H) $\boldsymbol{p} = (p_x)_{x \in X}$ eine Wahrscheinlichkeitsverteilung auf X, d. h. $p_x \geqq 0$ und $\sum_{x \in X} p_x = 1$ (Anfangsverteilung von $\mathscr{S}$).

Die Funktionsweise eines derartigen stochastischen Automaten $\mathscr{S}$ mit zufällig reagierender Umwelt U läßt sich dann folgendermaßen interpretieren (vgl. Abb. 9).

Ausgehend von einem zufälligen Startzustand $x \in X$ des stochastischen Automaten $\mathscr{S}$ (ausgewürfelt" nach $\boldsymbol{p}$) wird dann entsprechend der Output-Funktion α der „Buchstabe" $\alpha(x)$ des Output-Alphabetes A ausgegeben.

Dann bestimmt der entsprechend dem Übergangsgesetz (mit der Wahrscheinlichkeit $r_{\alpha(x)e_1}$) auftretende „Buchstabe" e_1 des Input-Alphabets E das Übergangsgesetz $\boldsymbol{P}(e_1)$ in $\mathcal{S}$. Der neue Zustand von $\mathcal{S}$ ist dann mit einer Wahrscheinlichkeit $p_{xy}(e_1)$ gleich $y \in X$, usw. ... Der Übergang von einem Zustand x nach y geschieht also mit der Wahrscheinlichkeit

$$\mathfrak{p}_{xy} = \sum_{e \in E} r_{\alpha(x)e}\, p_{xy}(e) \qquad (x, y \in X),$$

und die Verweilzeit in $x \in X$, falls der nächste Zustand $y \in X$ von $\mathcal{S}$ ist, besitzt die Verteilungsfunktion F_{xy}.

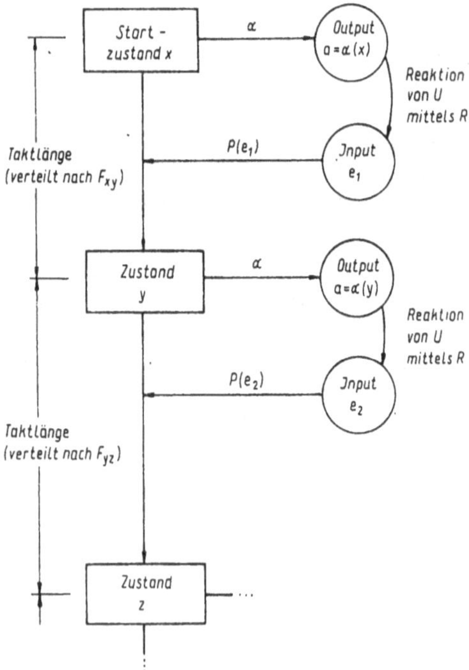

Abb. 9

Die Verweilzeit in x, falls y der nächste Zustand ist, kann auch als zufällige Reaktionszeit, d. h. die Taktlänge, der zufällig reagierenden Umwelt interpretiert werden.

Die Funktionsweise des zufällllgen Automaten kann also durch einen semi-Markovschen Prozeß mit dem Zustandsraum X beschrieben werden, der entsprechend Satz 1.1 durch

$\boldsymbol{p} = (p_x)_{x \in X}$ (Anfangsverteilung),

$\mathfrak{P} = (\mathfrak{p}_{xy})_{x,y \in X}$ (Übergangswahrscheinlichkeiten der eingebetteten Markovschen Kette)

und

$\boldsymbol{F}(t) = \big(F_{xy}(t)\big)_{x,y \in X} (t \geqq 0)$ (bedingte Verweilzeitverteilungsfunktionen)

gegeben ist.

Eine wesentliche Rolle bei der Funktionsweise eines derartigen stochastischen Automaten spielt bekanntlich das stationäre Verhalten. Wir demonstrieren im folgenden die Möglichkeit der Bestimmung der stationären Verteilung der Zustände eines stochastischen Automaten am Beispiel eines Automaten mit „linearer Taktik", wobei wir uns auf ein zweielementiges Inputalphabet $E = \{e_1, e_2\}$ beschränken und von einer Zerlegung des Zustandsraumes

$$X = X_{(1)} \cup X_{(2)}$$

mit $X_{(1)} = \{1, \ldots, n\}$ und $X_{(2)} = \{n + 1, \ldots, 2n\}$ ausgehen. Die lineare Taktik des stochastischen Automaten sei dabei durch die beiden Graphen gegeben (vgl. Abb. 10).

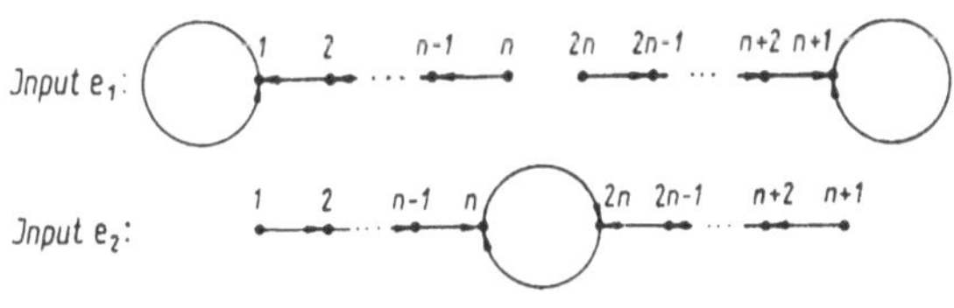

Abb. 10.

Das heißt, die Übergangsmatrizen $\boldsymbol{P}(e_1)$ und $\boldsymbol{P}(e_2)$ haben die Form

$$\boldsymbol{P}(e_1) = \begin{array}{c} \begin{array}{cccccccccc} {\scriptstyle (1)} & & & & {\scriptstyle (n)} & {\scriptstyle (n+1)} & & & & {\scriptstyle (2n)} \end{array} \\ \left\{\begin{array}{ccccc:ccccc} 1 & 0 & \dots & 0 & 0 & 0 & 0 & \dots & 0 & 0 \\ 1 & 0 & \dots & 0 & 0 & 0 & 0 & \dots & 0 & 0 \\ 0 & 1 & \dots & 0 & 0 & 0 & 0 & \dots & 0 & 0 \\ \vdots & \vdots & & \vdots & \vdots & \vdots & \vdots & & \vdots & \vdots \\ 0 & 0 & \dots & 1 & 0 & 0 & 0 & \dots & 0 & 0 \\ \hdashline 0 & 0 & \dots & 0 & 0 & 1 & 0 & \dots & 0 & 0 \\ 0 & 0 & \dots & 0 & 0 & 1 & 0 & \dots & 0 & 0 \\ 0 & 0 & \dots & 0 & 0 & 0 & 1 & \dots & 0 & 0 \\ \vdots & \vdots & & \vdots & \vdots & \vdots & \vdots & & \vdots & \vdots \\ 0 & 0 & \dots & 0 & 0 & 0 & 0 & \dots & 1 & 0 \end{array}\right\} \end{array} \begin{array}{l} {\scriptstyle (1)} \\ \\ \\ \\ {\scriptstyle (n)} \\ {\scriptstyle (n+1)} \\ \\ \\ \\ {\scriptstyle (2n)} \end{array}$$

$$\boldsymbol{P}(e_2) = \begin{array}{c} \begin{array}{ccccccccccc} {\scriptstyle (1)} & & & & & {\scriptstyle (n)} & {\scriptstyle (n+1)} & & & & {\scriptstyle (2n)} \end{array} \\ \left\{\begin{array}{cccccc:cccccc} 0 & 1 & 0 & \dots & 0 & 0 & 0 & 0 & & \dots & 0 & 0 \\ 0 & 0 & 1 & \dots & 0 & 0 & 0 & 0 & & \dots & 0 & 0 \\ \vdots & \vdots & \vdots & & \vdots & \vdots & \vdots & \vdots & & & \vdots & \vdots \\ 0 & 0 & 0 & \dots & 0 & 1 & 0 & 0 & & \dots & 0 & 0 \\ 0 & 0 & 0 & \dots & 0 & 0 & 0 & 0 & & \dots & 0 & 1 \\ \hdashline 0 & 0 & 0 & \dots & 0 & 0 & 0 & 1 & 0 & \dots & 0 & 0 \\ 0 & 0 & 0 & \dots & 0 & 0 & 0 & 0 & 1 & \dots & 0 & 0 \\ \vdots & \vdots & \vdots & & \vdots & \vdots & \vdots & \vdots & \vdots & & \vdots & \vdots \\ 0 & 0 & 0 & \dots & 0 & 0 & 0 & 0 & 0 & \dots & 0 & 1 \\ 0 & 0 & 0 & \dots & 0 & 1 & 0 & 0 & 0 & \dots & 0 & 0 \end{array}\right\} \end{array} \begin{array}{l} {\scriptstyle (1)} \\ \\ \\ \\ {\scriptstyle (n)} \\ {\scriptstyle (n+1)} \\ \\ \\ \\ {\scriptstyle (2n)} \end{array}$$

Weiter sei

$$r_{\alpha(x)e} = \begin{cases} \quad r_1 & \text{für } x \in X_{(1)} \text{ und } e = e_1, \\ \quad r_2 & \text{für } x \in X_{(2)} \text{ und } e = e_1, \\ 1 - r_1 = s_1 & \text{für } x \in X_{(1)} \text{ und } e = e_2, \\ 1 - r_2 = s_2 & \text{für } x \in X_{(2)} \text{ und } e = e_2, \end{cases}$$

dann ergibt sich für die Übergangswahrscheinlichkeiten der eingebetteten Markovschen Kette

$$
\begin{array}{c}
\begin{array}{cccccccccccccc}
(1) & & & & & (n) & (n+1) & & & & & (2n) & \\
\end{array}\\
\mathfrak{P} = \left(\begin{array}{cccccc|cccccc}
r_1 & s_1 & 0 & & \dots 0 & 0 & 0 & 0 & \dots\dots & & 0 & 0 \\
r_1 & 0 & s_1 & & \dots 0 & 0 & 0 & 0 & \dots\dots & & 0 & 0 \\
0 & r_1 & 0 & s_1 & \dots 0 & 0 & 0 & 0 & \dots\dots & & 0 & 0 \\
\vdots & \vdots & \vdots & & \vdots & \vdots & \vdots & \vdots & & & \vdots & \vdots \\
0 & 0 & 0 & \dots r_1 & 0 & s_1 & 0 & 0 & \dots\dots & & 0 & 0 \\
0 & 0 & 0 & \dots\dots & r_1 & 0 & 0 & 0 & \dots\dots & & 0 & s_1 \\
\hline
0 & 0 & 0 & \dots\dots & 0 & 0 & r_2 & s_2 & \dots\dots & & 0 & 0 \\
\vdots & \vdots & \vdots & & \vdots & \vdots & r_2 & 0 & s_2 & \dots\dots & 0 & 0 \\
\vdots & \vdots & \vdots & & \vdots & \vdots & 0 & r_2 & 0 & s_2 \dots & 0 & 0 \\
\vdots & \vdots & \vdots & & \vdots & \vdots & \vdots & \vdots & \vdots & \vdots & \vdots & \vdots \\
\vdots & \vdots & \vdots & & \vdots & \vdots & 0 & 0 & 0 & \dots r_2 & 0 & s_1 \\
0 & 0 & 0 & \dots\dots & 0 & s_2 & 0 & 0 & 0 & \dots 0 & r_2 & 0
\end{array}\right)
\begin{array}{l}
(1) \\ \\ \\ \\ \\ (n) \\ (n+1) \\ \\ \\ \\ \\ (2n)
\end{array}
\end{array}
$$

Die stationäre Verteilung $\boldsymbol{\pi} = (\pi_x)_{x \in X}$ der eingebetteten Markovschen Kette ist folglich

$\pi_x = \dots$ Formel auf Seite 136

Sind die (bedingten) Verweilzeiten nach (F_{xy}) verteilt, so gilt also nach Satz 4.3 für den semi-Markovschen Prozeß $\big(X(t)\big)_{t \in [0,\infty)}$, der die Funktionsweise dieses stochastischen Automaten beschreibt,

$$\lim_{t \to \infty} \mathsf{P}\big(X(t) = y \mid X(0) = x\big) = \frac{\pi_y \nu_y^{(1)}}{\sum\limits_{y' \in X} \pi_{y'} \nu_{y'}^{(1)}} \qquad (4.26')$$

mit

$$\nu_y^{(1)} = \sum_{z \in X} p_{yz} \int\limits_0^\infty t F_{yz}\,(\mathrm{d}t)\,.$$

$$\pi_x = \begin{cases} \dfrac{\dfrac{1-\frac{s_1}{r_1}}{1-\left(\frac{s_1}{r_1}\right)^n} \cdot \dfrac{1-\frac{s_2}{r_2}}{1-\left(\frac{s_2}{r_2}\right)^n} \cdot \left(\frac{s_2}{r_2}\right)^{n-1} \cdot s_2}{\dfrac{1-\frac{s_1}{r_1}}{1-\left(\frac{s_1}{r_1}\right)^n} \cdot \left(\frac{s_1}{r_1}\right)^{n-1} \cdot s_1 + \dfrac{1-\frac{s_2}{r_2}}{1-\left(\frac{s_2}{r_2}\right)^n} \cdot \left(\frac{s_2}{r_2}\right)^{n-1} \cdot s_2} \times \left(\frac{s_1}{r_1}\right)^{x-1} & x \in X_{(1)} \\[2em] \dfrac{\dfrac{1-\frac{s_1}{r_1}}{1-\left(\frac{s_1}{r_1}\right)^n} \cdot \dfrac{1-\frac{s_2}{r_2}}{1-\left(\frac{s_2}{r_2}\right)^n} \cdot \left(\frac{s_1}{r_1}\right)^{n-1} \cdot s_1}{\dfrac{1-\frac{s_1}{r_1}}{1-\left(\frac{s_1}{r_1}\right)^n} \cdot \left(\frac{s_1}{r_1}\right)^{n-1} \cdot s_1 + \dfrac{1-\frac{s_2}{r_2}}{1-\left(\frac{s_2}{r_2}\right)^n} \cdot \left(\frac{s_2}{r_2}\right)^{n-1} \cdot s_2} \times \left(\frac{s_2}{r_2}\right)^{x-n-1} & x \in X_{(2)} \end{cases}$$

8. Anhang

A 1. Wahrscheinlichkeitsraum. Zufallsgrößen. Bedingte Erwartung

Ein (nichtleeres) System $\mathfrak{A}$ von Teilmengen einer Menge Ω heißt *σ-Algebra*, wenn

1. $\Omega \in \mathfrak{A}$ und $\emptyset \in \mathfrak{A}$ ($\emptyset$ — leere Menge),

2. $A_1, A_2 \in \mathfrak{A} \Rightarrow A_1 \cup A_2 \in \mathfrak{A}, A_1 \cap A_2 \in \mathfrak{A}, A_1 \setminus A_2 \in \mathfrak{A}$,

3. $A_1, A_2, \ldots, A_n, \ldots \in \mathfrak{A} \Rightarrow \bigcup_{n=1}^{\infty} A_n \in \mathfrak{A}$

gilt. Zu jedem Teilsystem $\mathfrak{B}$ von Untermengen von Ω existiert eine kleinste σ-Algebra, die alle diese Untermengen enthält. Diese σ-Algebra $\mathfrak{A}(\mathfrak{B})$ wird die von $\mathfrak{B}$ *erzeugte σ-Algebra* genannt.

Ist $\Omega = R^1$ (Menge der reellen Zahlen) und $\mathfrak{B}$ das System aller Intervalle der Form $(-\infty, a)$, a — reell, so heißt $\mathfrak{B}^1 = \mathfrak{A}(\mathfrak{B})$ die *σ-Algebra der Borelmengen.*

Unter einem *Wahrscheinlichkeitsmaß* — oder kurz: einer *Wahrscheinlichkeit* — versteht man eine (Mengen-) Funktion P, definiert auf einer σ-Algebra $\mathfrak{A}$, die den folgenden Bedingungen genügt (*Kolmogorowsche Axiome*):

1. $0 \leqq \mathsf{P}(A) \leqq 1 \qquad (A \in \mathfrak{A})$,

2. $\mathsf{P}(\Omega) = 1$,

3. $A_1, A_2, \ldots, A_n, \ldots \in \mathfrak{A}$ und $A_i \cap A_j = \emptyset \quad (i \neq j)$

$$\Rightarrow \mathsf{P}\left(\bigcup_{n=1}^{\infty} A_n\right) = \sum_{n=1}^{\infty} \mathsf{P}(A_n).$$

Das Tripel $(\Omega, \mathfrak{A}, \mathsf{P})$ heißt dann ein *Wahrscheinlichkeitsraum*. Die Elemente $\omega \in \Omega$ werden als *Elementarereignisse* und die Mengen $A \in \mathfrak{A}$ als (*zufällige*) *Ereignisse* bezeichnet.

Gilt für ein Ereignis $B \in \mathfrak{A}$

$$\mathsf{P}(B) > 0,$$

so heißt

$$\mathsf{P}(A \mid B) = \frac{\mathsf{P}(A \cap B)}{\mathsf{P}(B)}$$

die *bedingte Wahrscheinlichkeit* von A unter B. Die Ereignisse A und B sind *unabhängig*, falls $\mathsf{P}(A \cap B) = \mathsf{P}(A)\,\mathsf{P}(B)$ ist.

Eine auf Ω definierte reellwertige Funktion X heißt (reellwertige) *Zufallsgröße*, falls für alle reellen Werte x

$$\{\omega : X(\omega) < x\} \in \mathfrak{A}$$

gilt. Für diese Ereignisse verwendet man auch die Schreibweise

$$\{\omega : X(\omega) < x\} = \{X < x\}.$$

Zwei Zufallsgrößen X_1 und X_2 heißen *unabhängig*, falls für alle reellen Werte x_1, x_2

$$\mathsf{P}(X_1 < x_1, X_2 < x_2) = \mathsf{P}(X_1 < x_1)\,\mathsf{P}(X_2 < x_2)$$

gilt, während $n (n \geqq 2)$ Zufallsgrößen $X_1, \ldots, X_n$ als (*in ihrer Gesamtheit*) *unabhängig* bezeichnet werden, falls jedes m-Tupel $(i_1, \ldots, i_m)$ mit $\{i_1, \ldots, i_m\} \subset \{1, \ldots, n\}$

$$\mathsf{P}(X_{i_1} < x_{i_1}, \ldots, X_{i_m} < x_{i_m}) = \prod_{l=1}^{m} \mathsf{P}(X_{i_l} < x_{i_l})$$

für alle reellen $x_{i_l} (l = 1, \ldots, m)$ ist. Schließlich heißen die Zufallsgrößen $(X_j)_{j \in J}$ für eine beliebige Parametermenge) (*in ihrer Gesamtheit*) *unabhängig*, falls jede endliche Teilmenge aus (in ihrer Gesamtheit) unabhängigen Zufallsgrößen besteht.

Ist $[E, \mathfrak{B}]$ ein meßbarer Raum, d.h., $\mathfrak{B}$ ist eine σ-Algebra von Untermengen der (nicht-leeren) Menge E, so heißt eine Funktion $X : \Omega \to E$ eine *zufällige Variable*, falls für alle $B \in \mathfrak{B}$

$$\{\omega : X(\omega) \in B\} \in \mathfrak{A}$$

gilt.

Zwei zufällige Variable X_1 und X_2, die über dem Wahrscheinlichkeitsraum $(\Omega, \mathfrak{A}, \mathsf{P})$ definiert sind, heißen P-*fast sicher gleich*, d. h.

$$X_1 = X_2 \qquad \mathsf{P}\text{-f. s.},$$

falls

$$\mathsf{P}(X_1 \neq X_2) = \mathsf{P}\big(\{\omega : X_1(\omega) \neq X_2(\omega)\}\big) = 0$$

gilt.

Als *Verteilungsfunktion* F_X einer Zufallsgröße X bezeichnet man die Funktion

$$x \to F_X(x) = \mathsf{P}(X < x) \qquad (x \in R^1).$$

(Mitunter erweist es sich auch als sinnvoll, die Funktion $x \to F_X(x) = \mathsf{P}(X \leqq x)$ als Verteilungsfunktion zu betrachten.)

Die Verteilungsfunktion $F_X : F_X(x) = \mathsf{P}(X < x)$ ist linksseitig stetig und monoton wachsend mit

$$\lim_{x \to \infty} F_X(x) = 1.$$

Eine Zufallsgröße X, die nur die Werte $x_m = mh$ $(h > 0, m = 0, \pm 1, \pm 2, \ldots)$ annehmen kann, heißt *gitterförmig* (*arithmetisch*) verteilt.[1]) (F_X heißt dann eine *gitterförmige Verteilung*). Für die Darstellung der möglichen Werte von X gibt es einen größten Wert h, die sogenannte *Gitterkonstante*.

Eine Zufallsgröße X heißt *exponentialverteilt* mit dem Parameter λ $(\lambda > 0)$, falls

$$\mathsf{P}(X < x) = F_X(x) = \begin{cases} 1 - \mathrm{e}^{-\lambda x} & \text{für} \quad x \geqq 0, \\ 0 & \text{für} \quad x < 0 \end{cases}$$

gilt.

Als *k-tes Moment* $(k = 0, 1, \ldots)$ einer Zufallsgröße bezeichnet man den Wert

$$m_k = \int_{-\infty}^{\infty} x^k F_X(\mathrm{d}x),$$

falls $\int_{-\infty}^{\infty} |x|^k F_X(\mathrm{d}x) < \infty$ ist. Für $k = 1$ erhält man den

Erwartungswert

$$m_1 = \mathsf{E}X = \int_{-\infty}^{\infty} x F_X(\mathrm{d}x),^{2)}$$

[1]) Mitunter heißt eine Zufallsgröße auch dann gitterförmig verteilt, falls X die Werte $x_m = a + mh$ (a – reell, $h > 0$, $m = 0, \pm 1, \pm 2, \ldots$) annimmt.

[2]) Ist $F_X(x) = 0$ für $x < 0$, so gilt $\mathsf{E}X = \int_0^{\infty} \big(1 - F_X(x)\big)\, \mathrm{d}x$.

während die *Streuung* durch

$$\mathsf{D}^2 X = m_2 - m_1^2 = \int_{-\infty}^{\infty} (x - m_1)^2 \, F_X(\mathrm{d}x)$$

gegeben ist.

Für eine meßbare Funktion $g : R^1 \to R^1$, d. h. für jedes $A \in \mathfrak{B}^1$ gilt $\{x \in R^1 : g(x) \in A\} \in \mathfrak{B}^1$, ist

$$\mathsf{E}\big(g(X)\big) = \int_{-\infty}^{\infty} g(x) \, F_X(\mathrm{d}x),$$

falls $\int_{-\infty}^{\infty} |g(x)| \, F_X(\mathrm{d}x) < \infty$. Dabei wird hier auch — wegen didaktischer Gesichtspunkte — die Schreibweise

$$\mathsf{E}\big(g(X)\big) = \int_{-\infty}^{\infty} g(x) \, \mathsf{P}(x \leqq X < x + \mathrm{d}x)$$

bzw.

$$\mathsf{E}\big(g(X)\big) = \int_{-\infty}^{\infty} g(x) \, \mathsf{P}(x < X \leqq x + \mathrm{d}x)$$

(im Falle $F_X(x) = \mathsf{P}(X \leqq x)$) verwendet.

Sind X eine Zufallsgröße mit $\mathsf{E}\,|X| < \infty$ über $(\Omega, \mathfrak{A}, \mathsf{P})$ und $\mathfrak{A}_0$ eine Unter-σ-Algebra von $\mathfrak{A}$, so existiert eine (P-f. s.) eindeutig definierte Zufallsgröße $\mathsf{E}(X \mid \mathfrak{A}_0)$ mit

1. $\int_A \mathsf{E}(X \mid \mathfrak{A}_0)(\omega) \, \mathsf{P}(\mathrm{d}\omega) = \int_A X(\omega) \, \mathsf{P}(\mathrm{d}\omega)$

   für alle $A \in \mathfrak{A}_0$,

2. $\{\omega : \mathsf{E}(X \mid \mathfrak{A}_0)(\omega) < x\} \in \mathfrak{A}_0$

   für alle $x \in R^1$.

Diese Zufallsgröße $\mathsf{E}(X \mid \mathfrak{A}_0)$ heißt *bedingte Erwartung* von X bez. $\mathfrak{A}_0$, und es gilt

$$\mathsf{E}\big(\mathsf{E}(X \mid \mathfrak{A}_0)\big) = \mathsf{E}X < \infty.$$

Sind $(X_t)_{t \in T_0}$ eine Familie von Zufallsgrößen über $(\Omega, \mathfrak{A}, \mathsf{P})$ und $\mathfrak{A}_0$ die von $(X_t)_{t \in T_0}$ erzeugte σ-Algebra, d. h. die von den Mengen

$$\{\omega : X_t(\omega) \in A\} \qquad (t \in T_0, A \in \mathfrak{B}^1)$$

erzeugte σ-Algebra, so heißt

$$\mathsf{E}(X \mid \mathfrak{A}_0) = \mathsf{E}(X \mid X_t, t \in T_0)$$

die *bedingte Erwartung* von X bez. $(X_t)_{t \in T_0}$.

Wählt man speziell

$$X = \chi_C \qquad (C \in \mathfrak{A})$$

mit

$$\chi_C(\omega) = \begin{cases} 1, & \omega \in C, \\ 0, & \omega \in \Omega \setminus C, \end{cases}$$

so wird die bedingte Erwartung $\mathsf{E}(\chi_C \mid X_t, t \in T_0)$ als *bedingte Wahrscheinlichkeit* bezeichnet:

$$\mathsf{P}(C \mid X_t, t \in T_0) = \mathsf{E}(\chi_C \mid X_t, t \in T_0).$$

Ist für reelle Werte x_t

$$\mathsf{P}(X_t = x_t, t \in T_0) \neq 0,$$

so gilt für alle ω mit

$$X_t(\omega) = x_t \qquad (t \in T_0)$$

$$\mathsf{P}(C \mid X_t, t \in T_0)(\omega) = \mathsf{P}(C \mid X_t = x_t, t \in T_0).$$

A 2. Markovsche Ketten

Unter einem *stochastischen Prozeß* versteht man eine Familie $(X_t)_{t \in T}$ $(T \subset R^1)$ von zufälligen Variablen über einem Wahrscheinlichkeitsraum $(\Omega, \mathfrak{A}, \mathsf{P})$ mit Werten in einem meßbaren Raum $(E, \mathfrak{B})$. Gilt für beliebige

$n \in N$; $t_1, t_2, \ldots, t_n, t \in T$ mit $t_1 < t_2 < \ldots < t_n < t$ und $B \in \mathfrak{B}$

$$\mathsf{P}(X_t \in B \mid X_{t_1}, X_{t_2}, \ldots, X_{t_n}) = \mathsf{P}(X_t \in B \mid X_{t_n})$$

P-f. s., so heißt $(X_t)_{t \in T}$ $(T \subset R^1)$ ein *Markovscher Prozeß*.

Eine Zufallsgröße τ über $(\Omega, \mathfrak{A}, \mathsf{P})$ mit Werten in $T \cup \{\infty\}$ $(T = \{0, 1, 2, \ldots\}$ oder $T = [0, \infty))$ heißt eine *Markovsche Zeit* für $(X_t)_{t \in T}$, wenn für alle $t \in T$ gilt

$$\{\omega : \tau(\omega) \leqq t\} \in \mathfrak{A}^*_{(-\infty, t]}.$$

Dabei ist $\mathfrak{A}^*_{(-\infty,t]}$ die bez. der P-Null-Mengen *vervollständigte σ-Algebra* $\mathfrak{A}_{(-\infty,t]}$ die von den zufälligen Variablen $X_s (s \in T)$ mit $s \leqq t$ erzeugt wird.

Ein stochastischer Prozeß $(X_t)_{t \in T}$ heißt *streng* (oder *stark*) *Markovsch*, falls für jede Markovsche Zeit τ und alle $B \in \mathfrak{B}$ auf $\Omega_\tau = \{\omega : \tau(\omega) < \infty\}$

$$\mathsf{P}(X_{\tau+t} \in B \mid \mathfrak{A}^*_{(-\infty,\tau]}) = \mathsf{P}(X_{\tau+t} \in B \mid X_\tau) \qquad (*)$$

P-f. s. gilt. Dabei bezeichnet $\mathfrak{A}^*_{(-\infty,\tau]}$ die σ-Algebra der Mengen $A \in \mathfrak{A}^*_{(-\infty,\infty)}$ mit $A \cap \{\omega : \tau(\omega) \leqq t\} \in \mathfrak{A}^*_{(-\infty,t]}$ für alle $t \geqq 0$. Die Bedingung $(*)$ ist stets erfüllt, falls $T = N$ gilt.

Unter einer *Markovschen Kette* versteht man einen Markovschen Prozeß $(X_t)_{t \in T}$ mit $T = \{0, 1, 2, \ldots\}$ oder $T = [0, \infty)$ und höchstens abzählbarem Zustandsraum E. Die *Übergangswahrscheinlichkeiten*

$$p_{ij}(s, t) = \mathsf{P}(X_t = j \mid X_s = i),$$

$(i, j \in E; s, t \in T; s \leqq t)$ werden zu einer sogenannten *Übergangsmatrix*

$$\boldsymbol{P}(s, t) = \big(p_{ij}(s, t)\big)_{i,j \in E}$$

zusammengefaßt. Für diese Übergangsmatrizen gilt die *Chapman-Kolmogorow-Gleichung*

$$\boldsymbol{P}(s, t) = \boldsymbol{P}(s, u)\, \boldsymbol{P}(u, t), \qquad s \leqq u \leqq t, \qquad (\substack{*\\*})$$

d. h.

$$p_{ij}(s, t) = \sum_{k \in E} p_{ik}(s, u)\, p_{kj}(u, t).$$

Zu jeder Familie $\boldsymbol{P}(s, t)$, $s, t \in T$ und $s \leqq t$, stochastischer Matrizen, d. h.

$$p_{ij}(s, t) \geqq 0 \quad (i, j \in E) \quad \text{und} \quad \sum_{j \in E} p_{ij}(s, t) = 1 \quad (i \in E),$$

die der Gleichung (⁑) genügt, gibt es einen Wahrscheinlichkeitsraum $(\Omega, \mathfrak{A}, \mathsf{P})$ und eine Markovsche Kette $(X_t)_{t \in T}$ mit dem Zustandsraum E, so daß $p_{ij}(s, t)$, $i, j \in E$ und $s, t \in T (s \leqq T)$, die Übergangswahrscheinlichkeiten von $(X_t)_{t \in T}$ sind.

Genügen die Übergangsmatrizen einer Markovschen Kette für alle $u \geqq 0$ der Bedingung

$$\boldsymbol{P}(s, t) = \boldsymbol{P}(s + u, t + u)$$

($s, t \in T$ und $s \leqq t$), so heißt die Markovsche Kette *homogen*. Für die Übergangsmatrizen einer zeitlich homogenen Markovschen Kette mit diskreter Zeit, d. h. $T = N_0$, gilt

$$\boldsymbol{P}(0, n) = \boldsymbol{P}^n = (p_{ij}^{(n)})_{i,j \in E}.$$

Dabei ist

$$\boldsymbol{P} = (p_{ij}^{(1)})_{i,j \in E} = (p_{ij})_{i,j \in E}$$

die Matrix der sogenannten *Einschritt-Wahrscheinlichkeiten*. Weiter bezeichnet man $(a_i)_{i \in E}$ mit

$$a_i = \mathsf{P}(X_0 = i) \qquad (i \in E)$$

als *Anfangsverteilung*, und es gilt

$$\mathsf{P}(X_n = j) = \sum_{i \in E} a_i p_{ij}^{(n)}.$$

Ist für alle $n = 1, 2, \ldots$ und $i \in E$

$$\mathsf{P}(X_n = i) = \tilde{a}_i,$$

so heißt $(\tilde{a}_i)_{i\in E}$ eine *stationäre Anfangsverteilung*. Wegen

$$\mathsf{P}(X_n = j) = \sum_{i\in E} \mathsf{P}(X_{n-1} = i)\, p_{ij}$$

ergibt sich $(\tilde{a}_i)_{i\in E}$ als Lösung des Gleichungssystems

$$\tilde{a}_j = \sum_{i\in E} \tilde{a}_i p_{ij} \quad \text{mit} \quad \sum_{i\in E} \tilde{a}_i = 1.$$

Für (zeitlich) homogene Markovsche Ketten mit diskreter Zeit teilt man die Zustände folgendermaßen in Klassen ein:

Ein Zustand j heißt *Nachfolger* des Zustandes i, wenn für ein $n \in N$

$$p_{ij}^{(n)} > 0$$

ist (Schreibweise $i \Rightarrow j$). Gilt für zwei Zustände i und j sowohl $i \Rightarrow j$ als auch $j \Rightarrow i$ oder $i = j$, so heißen i und j *verbunden* ($i \Leftrightarrow j$). Die Beziehung „$\Leftrightarrow$" ist eine Äquivalenzrelation und erzeugt eine Zerlegung von E in *Äquivalenzklassen verbundener Zustände*.

Ein Zustand i heißt *wesentlich*, wenn für jeden Zustand j mit $i \Rightarrow j$ auch $j \Rightarrow i$ gilt. Die Zustände einer Äquivalenzklasse sind entweder sämtlich wesentlich oder unwesentlich.

Als *irreduzibel* bezeichnet man eine Markovsche Kette $(X_n)_{n\in N}$, deren Zustände alle untereinander verbunden sind. Ist für einen Zustand i

$$p_{ii} = 1,$$

so heißt i *absorbierender Zustand.*

Für jeden Zustand i heißt der größte gemeinsame Teiler d_i der Zahlen $n \geqq 1$, für die $p_{ii}^{(n)} > 0$ gilt, die *Periode* d_i von i. Ist für alle Zustände $i \in E$ der Markovschen Kette $d_i = 1$, so nennt man diese Markovsche Kette *aperiodisch.*

Bezeichnet

$$\pi_{ij}^{(n)} = \mathsf{P}(X_n = j, X_{n-1} \neq j, \ldots, X_1 \neq j \mid X_0 = i)$$

die Wahrscheinlichkeit, daß die Markovsche Kette (ausgehend vom Zustand i) nach n Schritten erstmalig den Zustand j erreicht, so heißt ein Zustand *rekurrent* (*transient*), falls

$$\pi_{ii}^{*} = 1\,(< 1)$$

mit

$$\pi_{ii}^{*} = \sum_{n=1}^{\infty} \pi_{ii}^{(n)}$$

gilt. Ist $i \in E$ rekurrent und

$$\mu_i = \sum_{n=1}^{\infty} n\pi_{ii}^{(n)} < \infty,$$

so wird der Zustand i *positiv rekurrent* — im Falle $\mu_i = \infty$ *nullrekurrent* — genannt.

Für eine aperiodische, irreduzible Markovsche Kette, deren Zustände positiv rekurrent sind — eine solche Markovsche Kette heißt *ergodisch* — gilt

$$\lim_{n\to\infty} p_{ij}^{(n)} = \frac{1}{\mu_j},$$

und $(\pi_j)_{j\in E}$ mit $\pi_j = \dfrac{1}{\mu_j}$ ist die einzige stationäre Anfangsverteilung.

Eine homogene Markovsche Kette ist z. B. ergodisch, falls der Zustandsraum E endlich ist und eine natürliche Zahl m existiert, so daß $\boldsymbol{P}^m$ eine Spalte mit nur positiven Elementen enthält.

Mit einem Zustand i sind auch alle mit i verbundenen Zustände positiv rekurrent. Ist E' eine solche Äquivalenzklasse positiv rekurrenter Zustände, dann ist $(\pi_i^{E'})_{i\in E}$ mit

$$\pi_i^{E'} = \frac{1}{\mu_i} \qquad (i \in E')$$

und

$$\pi_i^{E'} = 0 \qquad (i \in E \setminus E')$$

eine stationäre Anfangsverteilung.

Für (nicht-notwendig homogene) Markovsche Ketten $(X_t)_{t \in T}$ mit $T = [0, \infty)$ und

$$\lim_{t \downarrow s} p_{ij}(s, t) = \delta_{ij}$$

existieren für jedes $s \geqq 0$ die sogenannten Intensitäten

$$q_i(s) = \lim_{t \downarrow s} \frac{1 - p_{ii}(s, t)}{t - s}$$

und

$$q_{ij}(s) = \lim_{t \downarrow s} \frac{p_{ij}(s, t)}{t - s} \qquad (i \neq j)$$

mit

$$0 \leqq q_i(s) \leqq \infty, \qquad 0 \leqq q_{ij}(s) < \infty \qquad (i \neq j)$$

sowie

$$\sum_{j \in E} q_{ij}(s) \leqq 0 \qquad \bigl(q_{ii}(s) = -q_i(s)\bigr).$$

Die Matrix $(q_{ij})_{i,j \in E}$ heißt *Intensitätsmatrix* oder *erzeugende Matrix*.

Ist die Markovsche Kette $(X_t)_{t \in T}$ (zeitlich) homogen, so sind $q_i = q_i(s)$ und $q_{ij} = q_{ij}(s)$ unabhängig von s. Man nennt einen Zustand i *stabil* (*instabil*), falls $q_i < \infty$ $(= \infty)$ gilt. Für jeden stabilen Zustand i ist die Verweilzeit in diesem Zustand exponentialverteilt, d. h. für $t > 0$:

$$\mathsf{P}(X_{s+h} = i \quad \text{für alle} \quad h \in (0, t] \mid X_s = i) = \mathrm{e}^{-q_i t}.$$

Ein instabiler Zustand wird von einer Markovschen Kette augenblicklich verlassen, d. h., für alle $t > 0$ ist

$$\mathsf{P}(X_{s+h} = i \quad \text{für alle} \quad h \in (0, t] \mid X_s = i) = 0.$$

Gilt für alle Zustände i einer Markovschen Kette

$$q_i < \infty \quad \text{und} \quad \sum_{j \in E} q_{ij} = 0,$$

so nennt man diese Kette *konservativ.*

Die Trajektorien $X_t(\omega)$, $0 \leqq t < \infty (\omega \in \Omega)$, sind in diesem Falle Treppenfunktionen: die Markovsche Kette verbleibt im Zustand i eine mit dem Parameter q_i exponentialverteilte Zeit und geht dann mit der Wahrscheinlichkeit $\frac{q_{ij}}{q_i}$ in den Zustand j über, falls $q_i > 0$ ist (im Falle $q_i = 0$ gilt $\mathsf{P}(X_{s+h} = i \mid X_s = i) = 1$ für alle $h > 0$ und $s \geqq 0$). Für jede Matrix $\hat{Q} = (q_{ij})_{i,j \in E}$ mit

$$q_{ij} \geqq 0 \quad (i \neq j), \; -\infty < -q_i = q_{ii} \leqq 0$$

sowie

$$\sum_{j \in E} q_{ij} = 0 \qquad (i \in E), \qquad \sup_{i \in E} q_i < \infty$$

gibt es genau eine (zeitlich) homogene Markovsche Kette $(\eta(t))_{t \in [0,\infty)}$, deren Intensitäten $q_{ij} (i, j \in E)$ sind. Dabei gilt für die Übergangsmatrix $\boldsymbol{P}(t) = (p_{ij}(t))_{i,j \in E}$ mit $p_{ij}(t) = \mathsf{P}(\eta(s + t) = j \mid \eta(s) = i)$, $(s, t \geqq 0; i, j \in E)$

$$\int_0^\infty e^{-st} \, d(e^{-\hat{Q}t}) = \int_0^\infty e^{-st} \, d\boldsymbol{P}(t) = s(-\hat{Q} + s\boldsymbol{E})^{-1}$$

$(s \geqq 0)$.

A 3. Erneuerungsprozesse

Es seien $X_1, X_2, \ldots$ nach F identisch verteilte unabhängige Zufallsgrößen mit $\mathsf{P}(X_i < 0)$, $i = 1, 2, \ldots$, dann heißt $(S_n)_{n \in N}$:

$$S_n = X_1 + X_2 + \ldots + X_n$$

ein einfacher oder gewöhnlicher *Erneuerungsprozeß.*

(Die Zufallsgrößen X_i sind z. B. die Lebensdauern eines bestimmten Teiles in einem System, das nach Ausfall sofort wieder durch ein gleichartiges ersetzt wird. S_n gibt die Zeit bis zur *n-ten Erneuerung* an.)

Besitzt X_1 eine andere Verteilung F_1 als die übrigen $X_i (i = 2, 3, \ldots)$, so bezeichnet man $(S_n)_{n \in N}$ als einen *modifizierten oder verallgemeinerten Erneuerungsprozeß*.

Die diskrete Zufallsgröße

$$N(t) = \max \{n : S_n \leqq t\} \qquad (t > 0)$$

gibt die *Anzahl der Erneuerungen* bis zum Zeitpunkt t an. Durch

$$t \to H(t) = \mathsf{E}N(t), \qquad t \geqq 0,$$

ist die sogenannte *Erneuerungsfunktion* gegeben, und es gilt

$$H(t) = \sum_{n=1}^{\infty} F_n(t)$$

mit

$$F_n(t) = (F_{n-1} * F)(t) \qquad (n \geqq 2).$$

Ein (verallgemeinerter) Erneuerungsprozeß heißt *stationär*, falls

$$F_1(t) = \frac{1}{\mu} \int_0^t \big(1 - F(x)\big) \, \mathrm{d}x$$

mit

$$\mu = \int_0^\infty \big(1 - F(x)\big) \, \mathrm{d}x = \mathsf{E}X_2 = \mathsf{E}X_3 = \ldots$$

gilt. In diesem Falle ist

$$H(t) = \frac{t}{\mu} \qquad (t \geqq 0).$$

Als *Hauptsatz der Erneuerungstheorie* wird die folgende Aussage bezeichnet: *Für jede über R^1 definierte, reell-*

wertige und direkt integrierbare Funktion g[1]) *mit* $g(x) = 0$ *für* $x < 0$ *gilt*

$$\lim_{t\to\infty} \int_0^t g(t-x)\,H(\mathrm{d}x) = \frac{1}{\mu} \int_0^\infty g(x)\,\mathrm{d}x,$$

falls F nicht gitterförmig ist, und für $t > 0$

$$\lim_{n\to\infty} \int_0^{t+nh} g(t+nh-x)\,H(\mathrm{d}x) = \frac{h}{\mu} \sum_{k=0}^{\infty} g(t+kh),$$

falls F gitterförmig mit der Gitterkonstanten h ist.

Wählt man speziell

$$g(\xi) = \begin{cases} \dfrac{1}{t}, & 0 \leqq \xi < t, \\ 0, & \xi \geqq t, \end{cases}$$

so erhält man

$$\lim_{t\to\infty} \frac{H(t)}{t} = \frac{1}{\mu}$$

(*elementares Erneuerungstheorem*).

Für

$$g(\xi) = \begin{cases} 1, & 0 \leqq \xi < \alpha, \\ 0, & \xi \geqq \alpha \end{cases}$$

---

[1]) Eine Funktion g (definiert auf $[0, \infty)$) heißt *direkt integrierbar*, falls die Reihen

$$\underline{\sigma}^h = h \sum_{n=1}^{\infty} \underline{m}_n{}^h \quad \text{und} \quad \bar{\sigma}^h = h \sum_{n=1}^{\infty} \overline{m}_n{}^h$$

absolut konvergieren, wobei

$$\underline{m}_n{}^h = \inf_{(n-1)h \leqq x < nh} g(x) \quad \text{und} \quad \overline{m}_n{}^h = \sup_{(n-1)h \leqq x < nh} g(x)$$

ist, und zu jedem $\varepsilon > 0$ ein $h > 0$ existiert, so daß

$$\bar{\sigma}^h - \underline{\sigma}^h < \varepsilon$$

gilt (vgl. [6], [25]).

ergibt sich aus dem Hauptsatz

$$\lim_{t\to\infty} \big(H(t+\alpha) - H(t)\big) = \frac{\alpha}{\mu} \qquad (\alpha > 0)$$

(*Theorem von Blackwell*).

Schließlich folgt aus dem Hauptsatz die Beziehung

$$\lim_{t\to\infty} \left(H(t) - \frac{t}{\mu}\right) = \frac{\sigma^2 + \mu^2}{2\mu^2} - \frac{\mu_1}{\mu}$$

mit

$$\sigma^2 = \mathsf{D}^2 X_2 = \mathsf{D}^2 X_3 \ldots \quad \text{und} \quad \mu_1 = \mathsf{E} X_1,$$

indem man

$$g(\xi) = \frac{1}{\mu} \int_\xi^\infty \big(1 - F(x)\big)\,\mathrm{d}x$$

wählt.

A 4. Laplace-Transformation. Laplace-Stieltjes-Transformation. Faltung

Als *Laplace-Transformation* einer reellen Funktion F mit $F(t) = 0$ für $t < 0$ bezeichnet man die durch

$$f(s) = \int_0^\infty \mathrm{e}^{-st} F(t)\,\mathrm{d}t \qquad (0 \leqq s < \infty)^{1)}$$

gegebene Abbildung und $f: s \to f(s)$ als *Laplace-Transformierte* von F. Die Funktion f ist (beliebig oft) differenzierbar, und es gilt

$$(-1)^k \frac{\mathrm{d}^k f(s)}{\mathrm{d}s^k} = \int_0^\infty \mathrm{e}^{-st} t^k F(t)\,\mathrm{d}t.$$

[1]) Die Existenz des Integrals wird – auch im folgenden – vorausgesetzt. Diese liegt hier z. B. für $s \geqq \beta (\beta > 0)$ vor, falls F rechtsseitig stetig ist und eine Konstante α existiert, so daß $|F(t)| \leqq \alpha\, \mathrm{e}^{\beta t} (t \geqq 0)$ gilt. Für Verteilungsfunktionen ist also die Laplace-Transformierte wohl definiert.

Für eine rechtsseitig stetige reelle Funktion F mit $F(t) = 0$ für $t < 0$ ist die *Laplace-Stieltjes-Transformation* durch

$$\tilde{f}(s) = \int_0^\infty e^{-st} F(dt) \qquad (s \geqq 0)$$

definiert. Dabei heißt $\tilde{f}$ die *Laplace-Stieltjes-Transformierte* von F.

Ist F eine reelle Funktion (beschränkter Schwankung) mit $F(t) = 0$ für $t < 0$, die der Bedingung

$$\lim_{t\to\infty} \frac{F(t)}{e^{st}} = 0$$

für $s > 0$ genügt, so gilt

$$\int_0^\infty e^{-st} F(dt) = s \int_0^\infty e^{-st} F(t)\, dt,$$

d. h.

$$\tilde{f}(s) = s f(s).$$

Existiert $\lim_{t\to\infty} F(t) < \infty$, so erhält man — falls $F(0) = 0$ gilt —

$$\lim_{s \downarrow 0} \int_0^\infty e^{-st} F(dt) = \lim_{t\to\infty} F(t).$$

Ist X eine nicht-negative Zufallsgröße mit der Verteilungsfunktion F_X: $F_X(t) = \mathsf{P}(X \leqq t)$, so stellt $\tilde{f}(s)$ den Erwartungswert von e^{-sX} dar, d. h.

$$\mathsf{E}(e^{-sX}) = \int_0^\infty e^{-st} F_X(dt) \qquad (s \geqq 0).$$

Darüber hinaus gilt

$$\mathsf{E}X^k = (-1)^k \left.\frac{d^k \tilde{f}(s)}{ds^k}\right|_{s=0} \qquad (k = 1, 2, \ldots).$$

Die Funktion $f: s \to f(s) = \mathsf{E}(e^{-sX})$ wird in diesem Zusammenhang auch *momenterzeugende Funktion* genannt.

Sind X und Y unabhängige nicht-negative Zufallsgrößen mit den Verteilungsfunktionen F_X: $F_X(t) = \mathsf{P}(X \leqq t)$ bzw. F_Y: $F_Y(t) = \mathsf{P}(Y \leqq t)$, dann ist die Verteilungsfunktion F_{X+Y}: $F_{X+Y}(t) = \mathsf{P}(X + Y \leqq t)$ von $X + Y$ durch

$$F_{X+Y}(t) = \int_0^t F_X(t-s)\, F_Y(\mathrm{d}s) \qquad (t \geqq 0)$$

gegeben.

Allgemein bezeichnet man eine Funktion F, definiert durch

$$F(t) = \int_0^t F_1(t-s)\, F_2(\mathrm{d}s) \qquad (t \geqq 0)$$

($F_1(t) = 0$ und $F_2(t) = 0$ für $t < 0$) als die *Faltung* (oder das *Faltungsprodukt*) der Funktionen F_1 und F_2. Dabei wird üblicherweise diese Operation durch das Symbol „*" gekennzeichnet, d. h.

$$F(t) = (F_1 * F_2)\,(t)\,.$$

Die Faltung ist kommutativ:

$$F_1 * F_2 = F_2 * F_1$$

und assoziativ:

$$F_1 * (F_2 * F_3) = (F_1 * F_2) * F_2\,.$$

Die n-fache Faltung einer Funktion F (mit sich selbst) kann also entsprechend durch

$$F^{*(1)} = F$$

$$F^{*(2)} = F * F$$

$$\vdots$$

$$F^{*(n)} = F * F^{*(n-1)} = F^{*(n-1)} * F$$

iterativ definiert werden. Ist F die Verteilungsfunktion von n unabhängigen identisch verteilten nicht-negativen Zufallsgrößen $X_1, \ldots, X_n$, so stellt $F^{*(n)}$ die Verteilungsfunktion von $X_1 + \ldots + X_n$ dar, d. h.

$$F^{*(n)}(t) = \mathsf{P}(X_1 + \ldots + X_n \leqq t).$$

Weiter gilt (vgl. z. B. [6]) für $t > 0$

$$\lim_{n\to\infty} F^{*(n)}(t) = 0,$$

falls $F(0) = 0$ ist.

Ist F die Faltung von F_1 und F_2, d. h. $F = F_1 * F_2$, so ergibt sich für $s \geqq 0$

$$\int_0^\infty e^{-st} F(dt) = \int_0^\infty e^{-st} F_1(dt) \cdot \int_0^\infty e^{-st} F_2(dt).$$

Die Laplace-Stieltjes-Transformierte eines Faltungsprodukts $F_1 * F_2$ ist also gleich dem (gewöhnlichen) Produkt der Laplace-Stieltjes-Transformierten F_1 und F_2.

Schließlich geben wir noch zwei Lemmata für das asymptotische Verhalten von Faltungen an (vgl. [18]):

(A 1) *Es seien K und R (monoton) nicht-fallende rechtsseitig stetige Funktionen mit $K(t) = 0$ und $R(t) = 0$ für $t < 0$. Existiert eine positive Konstante C, so daß für alle $t \geqq 0$*

$$R(t + 1) - R(t) \leq C$$

gilt, so ist

$$\lim_{t\to\infty} \frac{(K * R)(t)}{R(t)} = \lim_{t\to\infty} K(t).$$

(Die Endlichkeit von $\lim_{t\to\infty} K(t)$ wird dabei nicht vorausgesetzt).

(A 2) *Es seien K und R nicht-negative (monoton) nicht-fallende Funktionen mit $K(t) = 0$ und $R(t) = 0$ für $t < 0$, so gilt*

$$\lim_{t\to\infty} (K * R)(t) = \lim_{t\to\infty} K(t) \cdot \lim_{t\to\infty} R(t).$$

Literaturverzeichnis

[1] Anisimow, W. W., (Анисимов, В. В): Предельные теоремы для полумарковских процессов 1, 2, in: Теория вероятностей и математическая статистика, Kiew 1970.
[2] Bauer, H.: Wahrscheinlichkeitstheorie und Grundzüge der Maßtheorie, 2. Aufl., Berlin—New York 1974.
[3] Chung, K. L.: Markov chains with stationary transition probabilities, Berlin—Göttingen—Heidelberg 1960.
[4] Çinlar, E.: On semi-Markov processes on arbitrary spaces, Prov. Cambridge Philos. Soc. **66** (1969), 381—392.
[5] Denardo, E. V., and B. L. Fox: Multichain Markov renewal programs, SIAM J. Appl. Math. **16** (1968), 468—487.
[6] Feller, W.: An Introduction to Probability Theory, II. New York 1966.
[7] Gaede, K. W.: Zuverlässigkeit, Mathematische Modelle, München—Wien 1977.
[8] Gnedenko, B. W., und I. N. Kowalenko: Einführung in die Bedienungstheorie, Berlin 1971.
[9] Gillert, H.: Maximum-Likelihood-Schätzungen für Parameter in semimarkovschen Prozessen, Wiss. Z. Techn. Univers. Dresden **25** (1976), 5/6, 1163—1165.
[10] Hachigan, J.: Collapsed Markov chains and the Chapman-Kolmogorov-equation, Ann. Math. Statist. **34** (1963), 223 bis 237.
[11] Howard, R. A.: Research in semi-Markovian decision structures, J. Op. Res. Soc. Jap. **6** (1964), 169—199.
[12] Jewell, W. S.: Markov-renewal programming I, Op. Res. **11** (1963), 938—948.
[13] Jewell, W. S.: Markov-renewal programming II, Op. Res. **11** (1963), 949—971.
[14] Kemeny, I. G., and J. L. Snell: Finite Markov Chains, Princeton 1967.
[15] Kirchheim, A., Matzke, H., und K. H. Müller: Zur Steuerung halbmarkovscher Prozesse über einen unend-

lichen Zeitraum. In: Mathematical Structures – Computational Mathematics – Mathematical Modelling. Sofia 1975, 303–314.

[16] König, D., und D. Stoyan: Methoden der Bedienungstheorie, Berlin 1976.

[17] Koroljuk, W. S., und A. F. Turbin: (Королюк B. C., Турбин, A. Ф.): Анализ асимптотически укрупняемых сложных систем, in: Математизация знаний и научно-технический прогресс, Kiew 1975.

[18] Koroljuk, W. S., und A. F. Turbin: (Королюк, B. C., Турбин, A. Ф.): Полумарковские процессы и их приложения, Kiew 1976.

[19] Levy, P.: Système semi-Markoviens à au plus une dénombrable d'états possibles, Proc. Internat. Congr. Math. Amsterdam, Vol. 2 (1954), 294.

[20] Lippman, S. A.: Maximal average-reward policies for semi-Markov decision processes with arbitrary state and action space. Ann. Math. Stat. **42** (1971) 5, 1717–1726.

[21] Müller; P. H., u. a.: Lexikon der Stochastik, 3. Aufl., Berlin 1980.

[22] Nollau, V., und T. Ewers: Zur Steuerung halb-Markovscher Prozesse und ihrer Anwendung bei der Ermittlung optimaler Bedienungsstrategien in einem Mehrmaschinensystem (I), Wiss. Z. Techn. Univers. Dresden **24** (1975) 3/4. 555–562.

[23] Nollau, V., und T. Ewers: Zur Steuerung halb-Markovscher Prozesse und ihrer Anwendung bei der Ermittlung optimaler Bedienungsstrategien in einen Mehrmaschinensystem (II), Wiss. Z. Techn. Univers. Dresden **25** (1975) 4, 787–790.

[24] Nollau, V., und T. Ewers: Zur Steuerung halb-Markovscher Prozesse und ihrer Anwendung bei der Ermittlung optimaler Bedienungsstrategien in einem Mehrmaschinensystem (III), Wiss. Z. Techn. Univers. Dresden **26** (1977) 1, 109–114.

[25] Nollau, V., und L. Heinrich: Ein Kriterium zur direkten Integrierbarkeit reellwertiger Funktionen, Math. Nachrichten (erscheint).

[26] Otto, C.: Zur asymptotischen Effektivität von Parameterschätzungen für semi-markovsche Prozesse, Wiss. Z. der Techn. Univers. Dresden **24** (1975) 2, 383–388.

[27] Pyke, R.: Markov Renewal Processes: Definitions and Pre-

liminary Properties, Ann. of Math. Statistic **32** (1961) 1231–1242.

[28] Pyke, R.: Markov Renewal Processes with Finitely Many States, Ann. of Math. Statistics **32** (1961) 1243–1259.

[29] Pyke, R., and R. Schaufele: Limit theorems for Markov Renewal processes. Ann. Math. Stat. **35** (64) 4, 1746–1764.

[30] Reinschke, K.: Zuverlässigkeit von Systemen I, Berlin 1973.

[31] Schäl, M.: Markov renewal processes with auxiliary paths, Ann. Math. Stat. **41** (1970) 5, 1604–1624.

[32] Serfozo, R. F.: Functions of semi-Markov processes, SIAM J. Appl. Math. **20** (1971), 3, 530–535.

[33] Smith, W. L.: Regenerative stochastic processes, Proc. Roy. Soc. Ser. A. Vol. **232** (1955), 6–31.

[34] Störmer, H.: Semi-Markoff-Prozesse mit endlich vielen Zuständen, Berlin—Heidelberg—New York 1970.

[35] Teugels, J. L.: A bibliography on semi-Markov processes, J. Comp. Appl. Math. **2** (1976), 125–144.

[36] Yackel, J.: A random time change relating semi-Markov and Markov processes, Ann. Math. Statist. **39** (1968) 2, 358–364.

[37] Vermes, D.: On optimal control of semi-Markov processes, Acta Scient. Math. **36** (1974) 3/4, 345–356.

Symbolverzeichnis

I.

$N = \{1, 2, 3, \ldots\}$ $N_0 = N \cup \{0\}$	Menge der natürlichen Zahlen
$\emptyset$	leere Menge
$o(\varepsilon)$	Landausches Symbol, d. h. $f(\varepsilon) = o(\varepsilon)$, falls $\lim\limits_{\varepsilon \to 0} \dfrac{f(\varepsilon)}{\varepsilon} = 0$
$\\|\cdot\\|$	Norm einer Matrix
A^T	transponierte Matrix zu A
$F_1 * F_2$	Faltung (vgl. Anhang A 4)
ent $[x]$	größte ganze Zahl, die kleiner oder gleich x ist
$\delta_{xy} = \begin{cases} 1, & x = y, \\ 0, & x \neq y, \end{cases}$	Kronecker-Symbol
$\chi_A(x) = \begin{cases} 1, & x \in A, \\ 0, & x \notin A, \end{cases}$	Indikator-Funktion

II.

$\boldsymbol{a}$	18	$\mathfrak{D}$	103
$\bar{a}_x$	74	$\boldsymbol{E}$	56
$A_{xy}(t)$	20	E	139
$\mathfrak{A}$	136	$E(x)$	119
$\mathfrak{A}(\mathfrak{B})$	137	E_δ	106
$\mathfrak{A}_{x_0}$	38	$\mathsf{E}_{\delta,x}$	106
$\mathfrak{A}^*_{(-\infty,t]}$	142	$\mathsf{E}(X \mid \mathfrak{A}_0)$	140
$\boldsymbol{B}$	92	$\tilde{f}(s)$	151
D	104	$F(t)$	34
$\boldsymbol{D}$	96	$F_{xy}(t)$	14

Symbol	Seite
$\boldsymbol{F}(t)$	131
$F^{*(n)}$	152
F^d_{xy}	103
$\tilde{F}_{xy}$	74
F_X	138
$F_{X^m X^{m'}}(u)$	83
$F_{mm'}(t)$	91
g_{xy}	64
g^δ	110
$g^{\delta *}$	113
$\boldsymbol{G}$	95
$G_{xy}(s)$	29
h_{xy}	91
$H(t)$	148
$H_{xy}(t)$	89
$H^{(k)}_{xy}(s)$	51
L	33
m_k	139
m_y	32
$N(t)$	148
$\boldsymbol{p}_0{}^\delta$	116
$p_{ij}(s, t)$	142
$(p^{(n)}_{ij})_{i,j \in E}$	143
$p_x(s)$	64
p_{xy}	14
p^d_{xy}	102
$p_{X^m X^{m'}}$	83
$\hat{p}_{mm'}$	91
p	131
P	137
$\boldsymbol{P}$	143
$\boldsymbol{P}^0$	92
$\boldsymbol{P}_0{}^\delta$	116
P_π	86
P_a	18
$P_{xy}(s)$	41
$\boldsymbol{P}^\varepsilon$	92
P_δ	103
$\boldsymbol{P}(s, t)$	142
$P_x(t)$	20
$\mathfrak{p}_{xy}$	132
$\mathfrak{p}_{kl}(t)$	94
$\mathfrak{P}(t)$	99
$\boldsymbol{q}_0{}^\delta$	115
$q_x{}^\delta$	109
$q^{(-1)}_{kl}(s)$	99
q_x	16
q_{xy}	16
$\mathfrak{q}_{xy}(s)$	56
$\hat{\boldsymbol{Q}}$	147
$\boldsymbol{Q}$	20
$\boldsymbol{Q}(t)$	12
$Q^{(n)}_{xy}(t)$	23
$\boldsymbol{Q}^M(t)$	89
$\boldsymbol{Q}^\varepsilon(t)$	92
$\hat{Q}_{mm'}(t)$	91
Q_{AB}	83
$Q_{AB}(s; u)$	81
$\tilde{Q}_{xy}$	74
$\mathfrak{Q}$	56
r^d	104
$r_*{}^\delta$	104
$r_*{}^d$	104
r^δ	104
$\tilde{\boldsymbol{r}}^\delta$	110
r_{ae}	131
$\mathfrak{r}_{xy}$	56
$\boldsymbol{R}$	131
$\boldsymbol{R}(t)$	56
$R(t)$	26
$R_{xy}(s)$	53
$R_{xyz}(t; s)$	65
$R^{(k)}_{xy}(s)$	55
$\tilde{R}_{xyz}(t; s)$	75
R^{yz}	81

$R_{xy[z]}(s)$ 57
$\mathfrak{R}$ 56
$s[y]$ 57
$S_x^{(n)}$ 25
$\mathcal{S}$ 131
$T_k^{(n)}$ 25
$T_{zz'}^{(n)}$ 48
$T(A \to B)$ 42
$U_1(t)$ 14
$U_\xi(t)$ 33
$\tilde{\mathfrak{v}}^\delta$ 110
v_x^δ 110
$v_{xy}(s; \tau)$ 53
$\boldsymbol{V}_0$ 115
$V(t)$ 26
V_y 29
$V_x^{(n)}$ 24
$(V_n)_{n \in N_0}$ 12
$(\tilde{V}_n)_{n \in N_0}$ 73
w_x^δ 110
$\boldsymbol{x}_{x_0}$ 35
X 12
X^m 79
X_{x_0} 35
$X[x]$ 30
$\overline{X[x]}$ 30
$(X_n)_{n \in N_0}$ 12
$\hat{X}_n$ 87
$(\tilde{X}_n)_{n \in N_0}$ 73
$X_{\tau(t)}$ 12
$\left(X(t)\right)_{t \in [0,\infty)}$ 12
$\tilde{X}(t)$ 74
$\left(Y(t)\right)_{t \in [0,\infty)}$ 79
$Z_x(t)$ 23
$\tilde{Z}_x(t)$ 50
$\tilde{Z}_{x[y]}(s)$ 57
α 131
δ 103
η_y^δ 110
Δ_s 65
μ_i 145
$\mu_{xz}^{(k)}$ 46
$\mu_{x,ABC}^{(k)}$ 44
$\mu_{z'zz'}^{(k)}$ 48
$\boldsymbol{\nu}_0$ 115
$\nu_x^{(1)}$ 46
$\nu_{xy}^{(k)}$ 44
$\nu_{xy}^{\delta(2)}$ 110
$\nu_y^{\delta(1)}$ 109
$\boldsymbol{\pi} = (\pi_x)_{x \in X}$ 46
$\boldsymbol{\pi}^{(k)}$ 93
π_{X^m} 85
$\pi_i^{E'}$ 145
$\pi_{ij}^{(n)}$ 145
τ_n 12
$\tilde{\tau}_n$ 73
$\tau(t)$ 12
$\tilde{\tau}(t)$ 73
$\tau_{\tau(t)}$ 28
$\tau_x^{(n)}$ 23
$\tau_{zz'}^{(n)}$ 48
Σ_r 96
$\varphi_{xy}(s)$ 64
$\boldsymbol{\Phi}(s)$ 41
$\Phi_{xy}(s)$ 40
$\tilde{\Phi}_{xy}^\varepsilon(t)$ 94
$\tilde{\boldsymbol{\Phi}}_{xy}^\varepsilon(s)$ 95
$\bar{\Phi}_{xy}(t)$ 60
$\chi_C(\omega)$ 141
$\Psi_{x,ABC}(s)$ 42
Ω 136
$(\Omega, \mathfrak{A}, \mathsf{P})$ 137
$\mathbf{1}^{(k)}$ 94

Sachverzeichnis

Abschließung einer Menge von verbundenen Zuständen 30
absorbierender Zustand 29
Alter 26
Anfangsverteilung 143
aperiodische Markovsche Kette 144
α-regulärer Zustand 35
— semi-Markovscher Prozeß 35
arithmetische Verteilung 139

bedingte Erwartung 140, 141
— Wahrscheinlichkeit 137, 141

Chapman-Kolmogorow-Gleichung 142
Clusterbildung 79

direkt integrierbare Funktion 149
δ^*-optimal 113

eingebettete Markovsche Kette 13
Einschritt-Wahrscheinlichkeit 143
Elementarereignis 137
elementares Erneuerungstheorem 149
Entscheidungsfunktion 103
Entscheidungsprozeß, semi-Markovscher 104
Entscheidungsraum 102
Ereignis 137
—, unabhängiges 137
—, zufälliges 137
ergodische Markovsche Kette 145
Erneuerung 148
Erneuerungsfunktion 148
Erneuerungsgleichung 39ff.
Erneuerungsprozeß 147
—, modifizierter 148
—, verallgemeinerter 148
Erneuerungstheorem, elementares 149
Ertragsstruktur 104
Erwartungswert 139
—, bedingter 140
erzeugende Matrix 146
erzeugte σ-Algebra 137
exponentialverteilt 139

Faltung 152

Gesamtertrag 105
Gewinnstruktur 104
gitterförmige Verteilung 139
Gitterkonstante 139

Hauptsatz der Erneuerungstheorie 148
homogene Markovsche Kette 143
Howard-Algorithmus 119

Input-Alphabet 131
instabiler Zustand 29, 147
Intensitätsmatrix 146
irreduzible Markovsche Kette 144
irreduzibler semi-Markovscher Prozeß 30

Kolmogorowsche Axiome 137
konservative Markovsche Kette 147
Kriterium von Kemeny-Snell 86
k-tes Moment 139

Laplace-Stieltjes-Transformation 151
Laplace-Transformation 150

Markovisierung 28
Markovsche Kette 142
— —, aperiodische 144
— —, eingebettete 13
— —, ergodische 145
— —, homogene 143
— —, irreduzible 144
— —, konservative 147
— —, vergröberbare 85
— Zeit 142
Markovscher Erneuerungsprozeß, vergröberbarer 86
— Prozeß 142
Matrix, erzeugende 146
—, semi-Markovsche 13
mittlere relative Verweilzeit 63
modifizierter Erneuerungsprozeß 148
Moment 139
momenterzeugende Funktion 152

Nachfolger 144
null-rekurrenter Zustand 31, 145

optimale Strategie 113
Output-Funktion 131

Periode 144
P-fast sicher gleich 138
positiv rekurrenter Zustand 31, 145
Prozeß der Markovschen Erneuerungen 22
—, semi-Markovscher (s. semi- ...)
—, stochastischer 141
—, streng Markovscher 142

regulärer semi-Markovscher Prozeß 35
rekurrenter Zustand 31, 145
Restzeit 26
Rückwärtsverweilzeit 26

semi-Markovsche Matrix 13
semi-Markovscher Entscheidungsprozeß 104
— Prozeß 12
— —, α-regulärer 35
— —, irreduzibler 30
— —, regulärer 35
— —, verallgemeinerter 74
— —, vergröberbarer 88
σ-Algebra 136
— der Borel-Mengen 137
—, erzeugte 137
—, vervollständigte 142
stabiler Zustand 29, 146
stationäre Anfangsverteilung 75
stationärer Erneuerungsprozeß 148
stochastischer Automat 131
— Prozeß 141
Strategie 103
—, optimale 113

Streuung 140
streng Markovscher Prozeß 142

Theorem von Blackwell 150
transienter Zustand 31

Übergangsmatrix 142
Übergangswahrscheinlichkeit 14, 142
unabhängige Ereignisse 137
— Zufallsgrößen 138

verallgemeinerter Erneuerungsprozeß 148
— semi-Markovscher Prozeß 74
verbundene Zustände 30
vergröberbare Markovsche Kette 85
vergröberbarer Markovscher Erneuerungsprozeß 86
— semi-Markovscher Prozeß 88
Verteilung, arithmetische 139
—, Exponential- 139
—, gitterförmige 139
Verteilungsfunktion 138
vervollständigte σ-Algebra 142
Verweilzeit 14
—, mittlere relative 63
Verweilzeitverteilungsfunktion 28
Vorwärtsverweilzeit 26

Wahrscheinlichkeit 137
Wahrscheinlichkeitsmaß 137
Wahrscheinlichkeitsraum 137
wesentliche Äquivalenzklasse 31
wesentlicher Zustand 144

x-Erneuerungen 51

y-bedingter Zählprozeß 57

Zählprozeß 23
—, y-bedingter 57
zufällige Variable 138
Zufallsgröße 137
Zustand, absorbierender 29
—, α-regulärer 35
—, instabiler 29, 147
—, null-rekurrenter 31, 145
—, positiv rekurrenter 31, 145
—, rekurrenter 31, 145
—, stabiler 29, 146
—, transienter 31
—, wesentlicher 144
Zustände, verbundene 30
Zustandsraum 12
Zweireihensatz von Kolmogorow 37

ISSN 0084-098X

Der Autor

- betrachtet semi-Markovsche Prozesse mit abzählbarem Zustandsraum
- diskutiert Erneuerungseigenschaften, asymptotisches Verhalten, Stationarität und Regularität
- gibt Methoden der Vergröberung an
- behandelt Probleme der optimalen Strategie in dynamischen Systemen, der Zuverlässigkeitstheorie und der stochastischen Automaten

WISSENSCHAFTLICHE TASCHENBÜCHER

FSC
www.fsc.org
MIX
Papier | Fördert
gute Waldnutzung
FSC® C083411

Zeitfracht Medien GmbH
Ferdinand-Jühlke-Straße 7
99095 Erfurt, Deutschland
produktsicherheit@kolibri360.de